KB234954

평범한 내 아이 상위 1%로 만드는

초등
과목별
만점공부법

평범한 내 아이 상위 1%로 만드는
초등 과목별 만점 공부법
(만점공부법 No.07)

글 | 박점희

2010년 9월 24일 1판 1쇄 인쇄
2010년 9월 29일 1판 1쇄 발행

이 책을 만든 사람들
책임 기획 | 김경아

이 책을 함께 만든 사람들
본문 | 조진일 님
표지 디자인 | 디박스 이기연 님
교정 | 안종군 님
출력 | (주)한국커뮤니케이션 송호준 님, 장준우 님, 신윤철 님
종이 | 갑을지업(주) 정동수 님, 김유희 님
인쇄 | 태성인쇄사 이해성 님, 김태현 님

펴낸이 | 김경아
펴낸곳 | 행복한나무
출판등록 | 2007년 3월 7일. 제 2007-5호
주소 | 경기도 남양주시 도농동 2-1 부영e그린타운 301동 301호
서울 사무실 | 서울시 마포구 동교동 197-8, 10번지 ANT 빌딩 3층
전화 | 02) 322-3856
팩스 | 02) 322-3857
홈페이지 | www.ihappytree.com
문의(출판사 e-mail) | book@ihappytree.com

ⓒ 박점희, 2010
ISBN 978-89-93460-12-4

초등 과목별 만점공부법

글 박점희

나도 우리 아이의 멘토가 될 수 있다!
—이 책을 보는 방법

"나도 우리 아이의 멘토가 될 수 있다!" 이 책이 가장 주고 싶은 메시지입니다. 공부하라는 잔소리보다 아이와 함께 공부하고 꿈을 꾸며, 그 꿈을 키워주는 엄마 멘토를 위한 책입니다.

이 책의 저자는 '신나는 NIE 독서논술 교육원' 원장이기도 하지만, 삼남매를 키운 선배 엄마이기도 합니다. 평범한 큰 아이의 교육이 영특한 둘째를 만들고, 그 경험으로 막내를 영재로 키운 박점희 선생님의 교육 노하우를 과목별로 만나보세요.

1편 – 삼남매 멘토맘의 꿈을 키워주는 공부 방법 21

제각기 다른 성격의 삼남매! 공부 방법도 달라야합니다. 1편에서는 저자가 삼남매를 키우면서 어떻게 꿈을 갖도록 도와주었는지, 아이들 스스로 공부할 수 있는 환경과 소소한 대화가 어떤 영향을 끼치는지에 대한 노하우를 알려주고 있습니다. 어렵지만 어렵지 않은 자녀교육, 그 노하우를 배워보세요.

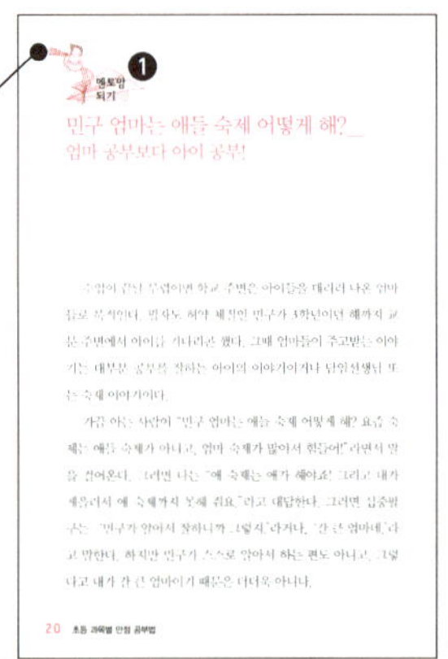

2편 – 멘토맘이 알려주는 초등 과목별 만점 공부법 42

우리 아이의 성적, 초등학교 몇 학년이 제일 중요하다고 생각하세요? 예전에는 4학년이 되면 교과서가 어려워진다고 했습니다. 그러나 시대가 바뀌고 교육정책이 바뀌면서 3학년 수학도 봐주기 어려운 문제가 많습니다.

이 책은 국어, 영어, 수학, 사회 과학을 어떻게 봐 주어야할 것인지를 자세하게 알려주고 있습니다. 어디서부터 어떻게 공부를 봐 주어야할지 고민하는 엄마, 아빠를 위해 교과서보다 재미있는 과목별 만점 공부법을 만나보세요.

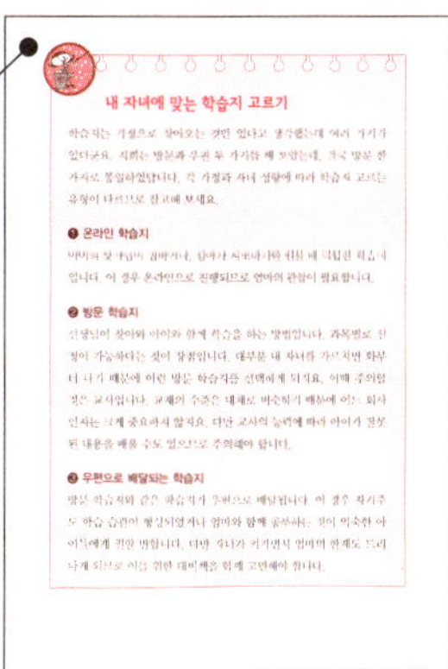

팁 – 멘토맘이 되고 싶다면 절대 놓치지 마세요

이 책의 또 다른 매력! 이 책을 읽는 멘토맘들이 실천할 수 있는 구체적인 팁을 알려줍니다.

큰아이를 통해 얻은 깨달음

아기가 태어나면, 엄마는 말을 가르친다. 아기가 말을 익히면 글을 가르치고, 글을 익히면 공부를 시킨다. 즉, 엄마는 자녀에게 있어서 최초의 선생님인 것이다. 그런데 시간이 지나면서 많은 엄마들은 다른 사람을 자녀의 멘토로 삼는다. 마치 엄마는 멘토가 되어서는 안되는 것처럼 말이다.

필자처럼 교육을 직업으로 삼고 있는 사람들의 자녀 교육 방법은 크게 두 가지로 나누어 볼 수 있다. 하나는 아이 스스로 알아서 하도록 놔두는 방치형이고, 다른 하나는 내 자녀가 교육의 마루타가 되는 실습형이다.

신문 활용 교육과 독서 논술을 지도하는 일을 직업으로 삼고 있는 필자는 초등학교 저학년인 큰아이에게 방치형 부모였다. '스스로 알아서 잘하겠지!', '내 자식은 내가 가르치기 어려워서'라는 이유로 교육을 등한시했다. 그런데 3학년 새 학기가 시작되고 얼마 지나지 않아 아이가 건넨 말이 필자의 교육관을 180도 바꾸어 놓았다.

“엄마! 나는 2학년 담임선생님께서 가르쳐 주신 대로 독후감을 써서 냈는데 우리 담임선생님이 이렇게 쓰는 것은 독후감이 아니라고 하시면서 다시 써 오라고 하셨어. 도대체 어떻게 써야 해?”

이 이야기를 듣고 아이가 독서록을 쓰는 방식을 살펴보았다. 아이의 1학년 담임선생님께서는 줄거리를 많이 쓴 후, 느낌을 한두 줄 정도 쓰도록 지도하셨다. 그런데 2학년 담임선생님은 아이들이 워낙 독서 감상문 쓰기를 싫어하니까 책 내용 가운데 가장 재미있었거나 기억에 남는 부분을 기록하고, 그렇게 생각한 이유를 함께 기록하도록 하였다. 사실 독서록을 작성하는 방식에 있어서 누가 옳다고 이야기할 수는 없다. 책마다 담고 있는 내용과 길이, 형식이 다르기 때문에 독서록을 기록할 때 어떤 것은 줄거리를 많이 쓰는 것이 좋고, 어떤 것은 인상 깊었던 장면을 많이 쓰는 것이 좋으며, 또 어떤 것은 자신의 생각이 반 이상 차지해야 좋은 것이 있기 때문이다.

그런데 3학년 담임선생님은 2학년 담임선생님께서 가르쳐 주신 방식이 틀렸으니 다시 해 오라는 식의 반응을 보이셨기 때문에 아이가 어리둥절할 수밖에 없었던 것이다. 아이 입장에서 본다면 자신이 좋아하던 2학년 담임선생님께서 자신에게 잘못된 것을 가르쳐 준 꼴이 된 셈이다. 그래서 이건 아니다 싶어서 아이와 이야기를 나누었다.

"유진아! 독서록을 쓰는 방법은 여러가지야. 1학년 담임선생님이 말씀하신 것처럼 줄거리를 길게 쓸 수도 있어. 그러면 요약하거나 정리하는 능력이 길러지거든. 그리고 2학년 담임선생님이 말씀하신 것처럼 기억에 남는 부분을 기록하고, 그 이유를 적을 수도 있어. 그렇게 하면 합리적으로 자신의 생각을 표현할 수 있게 되지. 3학년 담임선생님께서 요구하신 대로 생각을 반 이상 적으면 책을 읽을 때, 책 속의 내용을 자신과 연결하여 생각하게 되니까 책과 내가 하나가 될 수 있어서 좋단다. 그러니까 어느 선생님 말씀이 틀렸다고 말하기는 어려워.

다만 3학년 담임선생님께서는 자신의 생각을 반 이상 쓰는 것이 좋다고 생각하셨는데, 유진이가 선생님의 뜻대로 쓰지 못했기 때문에 다시 쓰라고 하신 거란다."

아이에게 이렇게 정리해 준 후, 다음과 같은 이야기를 덧붙였다.

"유진아! 엄마가 담임선생님께는 따로 말씀드릴 테니까, 앞으로는 엄마와 함께 다양한 방법으로 독서록을 써보도록 하자. 그러면 독후 활동이 더 재미있어질 거야."

그리고 다음날 담임선생님을 만나 상황을 설명하고, 유진이는 앞으로 다양한 형식으로 독서록을 쓰겠노라고 이야기했다. 설명을 들으신 선생님께서는 미처 생각하지 못한 아이의 반응에 미안해 하시면서 필자의 청을 흔쾌히 들어 주셨다.

이후 큰아이는 3학년부터 6학년 졸업 때까지 다양한 형식으로 독서록을 썼다. 그래서인지 큰아이는 글쓰기를 어려워하지 않았으며, 그 결과 글쓰기와 관련된 상을 많이 탈 수 있었다.

독서와 관련하여 일어난 일이었지만, 이 일을 계기로 나는 내 자녀의 평생 멘토는 바로 엄마여야 한다는 것을 깨달았다. 매년 바뀌는 선생님께 내 아이를 무턱대고 맡긴다면 한 방향으로 흘러가기 어렵다는 것을 깨닫게 된 것이다.

유태의 어머니들은 자녀를 선생님인 랍비에게만 맡기지 않는다고 한다. 깊은 신앙심과 도덕관으로 스스로를 무장하고 자녀 교육에 최선을 다하고 있기 때문에 오늘날까지 우리가 유태 어머니들의 자녀 교육법에 대해 이야기하고 있는 것이다.

최근 들어 엄마들도 진정한 엄마가 되는 교육을 받아야 한다는 소리가 일고 있다. 자녀를 올바르게 기르기 위해서는 교육에 대한 굳은 신념과 교육관이 필요하다. 이 책에서 소개한 '엄마가 되는 법'을 잘 숙지하여 자녀를 학원이라는 사교육에 맡기고 나 몰라라 하는 부모가 되거나 아까운 돈을 내고 공부를 시켰으니 돈을 낸 만큼 성과가 있어야 하는 것 아니냐고 아이를 다그치는 부모가 되지 않기를 바란다.

박점희 씀

프롤로그 · 6

1편 삼남매 멘토맘의 꿈을 키워주는 공부 방법 21

PART 01 아이에게 꿈을 주는 멘토맘 되기

멘토맘 되기 1_ 민구엄마는 애들 숙제 어떻게 해?_엄마 공부보다 아이 공부! · 20

멘토맘 되기 2_ 엄마, 나 사과장사 할래_꿈꾸는 아이 · 25

멘토맘 되기 3_ 축구 선수가 꿈이라고?_미래가 보이는 꿈을 꾸게 하자 · 29

멘토맘 되기 4_ 국제중학교에 떨어진 유경이의 꿈_세계를 무대로 꿈꾸게 하자 · 32

멘토맘 되기 5_ 민구의 다재다능한 재능_어떤 꿈을 키울지 고민하자 · 36

멘토맘 되기 6_ 우리 아이 혹시 영재가 아닐까?_영재성을 향상시키는 방법 · 39

멘토맘 되기 7_ 하기 싫으면 안 해도 돼?_목표점 정하기 · 42

멘토맘 되기 8_ 테란의 황제 임요환에게 배우다_

공부 못해도 출세한다는 오류를 조심하자 · 46

PART

02 상위 1% 아이로 키우는 학습 멘토맘 되기

멘토맘 되기 9_ 공부할 시간이 얼마나 될까?_생활 계획표 · 50

멘토맘 되기 10_ 과목별 공부를 위해 필요한 것은?_공부의 설계도 · 56

멘토맘 되기 11_ 예습과 복습은 왜 하는 걸까?_수업에 재미를 주자 · 60

멘토맘 되기 12_ 상위 1%% 아이의 교과서 활용법을 주목하자_
세민이의 교과서 활용법 · 64

멘토맘 되기 13_ 시험 기간에 사라진 유경이의 노트_공부달인의 노트정리 · 68

멘토맘 되기 14_ 자기주도 학습의 의지를 높이는 대화법_
부모가 해 줄 수 있는 방법 · 73

멘토맘 되기 15_ 집중을 습관화하자_정신일도 하사불성 · 76

멘토맘 되기 16_ 방 청소 하다가 날린 공부_집중력과 환경 · 80

멘토맘 되기 17_ 자기주도 학습으로 대학에 입학한 유진_공부의 주인은 아이 자신 · 83

멘토맘 되기 18_ 엄마는 학습지 선생님?_스스로 공부가 진짜 공부 · 87

멘토맘 되기 19_ 애들이 많은 학원이 살 가르친다?_사교육의 신택 · 90

멘토맘 되기 20_ 백화점식 일기를 쓰는 민구_학습일기의 활용법 · 96

멘토맘 되기 21_ 오 마이 갓! 굴뚝이 첨성대라고?_
살아 있는 공부, 죽어있는 공부 · 100

2편 **멘토맘**이 알려주는 **초등** 과목별 **만점** 공부법 42

PART 01 초등학교는 교과서가 공부의 기본

만점 공부법 1 이제는 초등 3학년이다_어려워진 공부 · 108

만점 공부법 2 국어 교과서 정리부터_생각그물 · 111

만점 공부법 3 영어는 아이에게 맞는 학원을 찾자_과목별 학원 가이드 · 115

만점 공부법 4 수학은 방학을 이용하자_복습과 선행의 기회 · 118

만점 공부법 5 사회는 네모난 표로 정리하자_한눈에 볼 수 있는 표 · 121

만점 공부법 6 과학은 인터넷 강의를 활용하자_인터넷 강의 선택 요령 · 124

PART 02 모든 공부의 기본, 국어 만점 공부법

만점 공부법 7_ 말하기1. 완전한 문장으로 말하게 하자_말의 힘 · 128

만점 공부법 8_ 말하기2. 자신의 주장을 당당하게 말하도록 하자_
말하기 훈련 · 131

만점 공부법 9 듣기는 귀와 손이 함께 하자_메모의 습관화 · 134

만점 공부법 10 읽기는 신문에서 배우자_스타들의 신문 읽기 · 138

만점 공부법 11 쓰기는 글쓰기에 대한 두려움만 극복하면 된다_
나만의 동화책 만들기 · 141

만점 공부법 **12** 우리말이 이해가 안 된다면?_한자 급수 따기 · 146

만점 공부법 **13** 유진이는 논술을 혼자 했다고?_논술 지도 포인트 · 149

만점 공부법 **14** 책 읽는 환경을 만들자_거실의 무한 변신 · 153

만점 공부법 **15** 오늘의 안철수를 만든 독서_독서의 중요성 · 156

만점 공부법 **16** 어려운 수학을 만화로 배운 민구_만화책 고르는 요령 · 160

만점 공부법 **17** 독후감은 줄거리와 생각을 쓰는 거라고?_엄마표 독후 활동 · 164

만점 공부법 **18** 서술형의 늪에 빠진 유경이_서술형의 모범 답안 · 167

PART 03 귀가 트이고 입이 열리는 영어 만점 공부법

만점 공부법 **19** 외국인에 말 붙이기가 두렵다고?_자신감과 용기 · 172

만점 공부법 **20** 과제로 등장한 영어일기_영어일기 쓰는 요령 · 175

만점 공부법 **21** 중학교 2학년 유경이가 쓴 자기소개서_입학사정관 전형 · 178

만점 공부법 **22** 원어민 영어공부, 100% 효과를 기대하지 마라_
애니메이션으로 귀를 열자 · 182

만점 공부법 **23** 단어가 부족하면 독해가 힘들다_단어를 내 것으로 만들기 · 186

만점 공부법 **24** 감동적인 문장은 바로 내 것으로 만들자_오버하는 영어 · 189

만점 공부법 **25** 시험 보니까 영어 공부 한다고?_공부하는 이유 알려주기 · 192

만점 공부법 **26** 언니도, 아빠도 인증이 필요하다_인증 시험 도전 · 196

PART **04** 성실함을 요구하는 수학 만점 공부법

만점 공부법 **27**_ 수학의 기본은 연산이다_꾸준히, 그리고 성실하게 · 200

만점 공부법 **28**_ 수학책이야 국어책이야?_문장제 문제 · 203

만점 공부법 **29**_ 창의적 수학?_창의적 문제! · 206

만점 공부법 **30**_ 눈으로 답을 찾는 아이들_손이 함께 움직이는 수학 · 209

만점 공부법 **31**_ 기초가 부족하다면?_효과적인 수학 과외 · 212

PART **05** 세상 보는 눈을 키우는 사회 만점 공부법

만점 공부법 **32**_ 사회는 어려운 용어가 너무 많다_나만의 용어 사전 만들기 · 216

만점 공부법 **33**_ 빼빼로데이에는 빼빼로를?_현명한 선택을 배우는 공부 · 219

만점 공부법 **34**_ 경제가 어렵다고?_생활에서 배우는 경제 · 223

만점 공부법 **35**_ 돈으로 배우는 경제와 사회_신용 · 226

만점 공부법 **36**_ 용돈 관리는 경제의 기초_용돈 지도 · 229

만점 공부법 **37**_ 동네 탐험, 직접 조사하게 하자_인문 환경 · 233

만점 공부법 **38**_ 서울 옆은 부산이다?_지도로 가르치는 지리 · 235

만점 공부법 **39**_ 사극으로 역사를 가르치지 마라_역사 바로 가르치기 · 239

만점 공부법 **40**_ 사회는 체험학습으로 다져주자_체험학습 계획하기 · 242

만점 공부법 **41**_ 내가 경주에 갔었다고?_대화로 체험 up · 246

만점 공부법 **42**_ 도대체 뭘 쓰지?_체험학습을 기록하는 방법 · 249

PART
06 원리와 창의력을 키우는 과학 만점 공부법

만점 공부법 **43**_ 돋보기 들고 들로, 산으로 가자_재미난 곤충채집 · 254

만점 공부법 **44**_ 글로 설명한 과학, 외우지 말자_자연사 박물관 활용 · 258

만점 공부법 **45**_ 민구와 유경이의 과학_놀이로 즐기는 과학 · 261

만점 공부법 **46**_ 영재 교육원에 간 유경_과학과 영재 교육 · 264

만점 공부법 **47**_ 과학 시험 잘 보는 비법_선생님과 원리를 잡아라 · 268

에필로그 · 271

1

삼남매 멘토맘의 꿈을 키워주는 공부 방법 21

나 는 찬스가 올 것에 대비하여 배우고 미래에 닥칠 일에

언제든지 착수할 수 있는 태도를 갖추고 있다.

—링컨

아이에게
꿈을 주는
멘토맘 되기

민구 엄마는 애들 숙제 어떻게 해?__
엄마 공부보다 아이 공부!

수업이 끝날 무렵이면 학교 주변은 아이들을 데리러 나온 엄마들로 북적인다. 필자도 허약 체질인 민구가 3학년이던 해까지 교문 주변에서 아이를 기다리곤 했다. 그때 엄마들이 주고받는 이야기는 대부분 공부를 잘하는 아이의 이야기이거나 담임선생님 또는 숙제 이야기이다.

가끔 아는 사람이 "민구 엄마는 애들 숙제 어떻게 해? 요즘 숙제는 애들 숙제가 아니고, 엄마 숙제가 많아서 힘들어!"라면서 말을 걸어온다. 그러면 나는 "애 숙제는 애가 해야죠! 그리고 내가 게을러서 애 숙제까지 못해 줘요."라고 대답한다. 그러면 십중팔구는 '민구가 알아서 잘하니까 그렇지.'라거나, '간 큰 엄마네.'라고 말한다. 하지만 민구가 스스로 알아서 하는 편도 아니고, 그렇다고 내가 간 큰 엄마이기 때문은 더더욱 아니다.

학교에서 가끔 심하다 싶을 정도로 어려운 숙제를 내 줄 때가 있다. 특히, 가족신문과 같은 버라이어티(?)한 숙제는 아이 혼자서 해결하기가 힘들다. 학교에서도 아이들에게 이렇게 저렇게 만들라고 친절히 설명하지 않은 채 숙제를 내 주기 때문에 엄마들이 필자에게 전화 해 방법을 물어본다.

"4절 도화지를 이용해도 되고, A4지를 이용해도 되고……"

장황한 설명이 한바탕 끝나고 나면 알았다는 듯이 "고마워. 밥 살게."하며 전화를 끊는다. 그리고 다음날 등교하는 아이들 손에는 가족신문이 하나씩 들려 있다. 하지만 아이가 만든 것이 아니라 엄마가 만든 것이 대부분이다.

조금이나마 아이들의 노력이 들어가면 좋으련만 어른들의 솜씨로 너무 예쁘게 잘 꾸며진 신문들을 보면서 '저러니까 엄마 숙제라는 말들을 하지.'라는 생각을 한다.

숙제는 어디까지나 아이의 몫이다. 엄마는 자녀의 멘토이지, 자녀가 아니다. 자녀에게 숙제하는 요령을 하나씩 가르쳐 주면 좋겠지만 일일이 설명하자니 답답하고, 아이가 하는 것을 지켜보고 있노라면 속이 터져서 차라리 엄마가 하게 된다. '헬리콥터 맘'(자녀 주위를 맴돌며 방 청소부터 이부자리 정리, 학교 숙제까지 모든 일에 간섭하고 알아서 해 주는 맘)의 전형적인 유형이다.

언젠가 초등 고학년 문화센터 수업에서 방학 특강으로 가족신문 만들기를 진행할 때의 일이다.

“가족신문을 한 번이라도 만들어 본 사람?”

“저요!”

“저도 만들어 봤어요.”

“그럼 너희들은 만드는 방법을 좀 알겠네?”

“만들긴 만들었는데 제가 안 만들고 엄마가 만들어서 몰라요.”

어찌나 당당하고 우렁차게 대답하던지 기가 막혔다. 아이 숙제가 엄마 숙제가 되었을 때 나타나는 현상이다.

어느 날 민구가 내일까지 내야 하는 숙제라면서 늦은 밤에 도움을 요청했다.

“엄마! 이거 만들어 가야 하는데”

“뭔데?”

아이가 들고 온 미술 숙제는 여러 가지 재료를 이용해서 무엇인가를 만드는 것이었다.

“이걸 지금 말하면 어떻게 해?”

“지금 생각났어. 그런데 선생님께서 숙제를 안 해오면 혼난다고 하셨어.”

잠시 생각에 잠겼다.

‘애가 학교에서 숙제 안 했다고 혼나면 애도 망신이고, 나도 망

신인데 일단 도와주고 나중에 혼을 내? 아니지. 한 번 도와주면 앞으로도 이 시간에 이런 식으로 도움을 요청할 테니 혼나거나 말거나 그냥 둬?'

"민구야! 11시가 다 되어 가는데 지금 어디서 재료를 구하니? 네가 지금까지 숙제를 확인하지 않은 건 네 잘못이니까 할 수 없어. 선생님이 혼을 내시면 혼나야지. 혼나는 건 잠시지만, 네가 숙제를 하지 않아서 제대로 배우지 못하거나, 배울 수 있는 기회를 놓치는 건 결국 네 손해니까 오늘을 계기로 다음부터는 숙제부터 확인하도록 해."

만약 숙제를 도와주었다면 민구는 무엇이 문제인지조차 인식하지 못하고 똑같은 잘못을 반복하였을 것이다. 그리고 자신의 숙제는 자신이 책임져야 한다는 것도 깨닫지 못했을 것이다.

그렇다고 숙제를 무조건 아이 혼자 하도록 내버려 두라는 것은 아니다. 아이가 혼자 하기 힘들어 하는 큰 과제나 아이의 능력으로는 해결하기 어려운 숙제는 당연히 엄마가 도와주어야 한다.

탈무드를 보면 '물고기를 잡아다 주기보다는 물고기 잡는 법을 가르쳐라.'라는 말이 있다. 지금은 조금 서툴고 성에 차지 않겠지만, 그리고 지금 당장은 선생님께 칭찬을 받지 못하겠지만 자신의 힘으로 하나씩 해결하다 보면 나중에는 일을 훌륭하게 해결해 나가는 자녀의 모습을 볼 수 있을 것이다.

엄마도 공부가 필요해요

아이들이 성장하는 데 필요한 공부를 하듯이, 우리도 엄마라는 이름의 또 다른 삶을 살아가기 위해 엄마 공부가 필요합니다. 다음에 소개하는 두 권의 책은 우리가 엄마로서 성장하는 길을 알려 줍니다.

엄마학교(서형숙 저/큰솔)

저자는 밥 짓는 법을 배우는 것처럼 '엄마가 되는 법'을 배워야 한다고 주장합니다. 즉, 엄마가 되는 법을 알고 훈련을 하면 아이 기르기가 훨씬 수월해진다는 것입니다. 저자는 특히 엄마가 되는 법을 알게 되면 아이를 보는 눈이 달라지고, 아이와 함께 있는 것만으로도 행복해지며, 육아가 식은 죽 먹기처럼 쉬워진다고 강조합니다.

유태인 엄마의 특별한 자녀 교육법
(허희숙, 조미현 저/책이 있는 마을)

오늘날 많은 어머니들이 자녀 교육에 특별한 관심을 기울이고 있지만, 유태의 어머니들은 이미 2,000여 년 전부터 자녀들의 교사 역할을 수행해 왔습니다. 유태인 가정 교육의 핵심은 자녀의 개성을 존중하고 삶의 지혜를 깨닫게 해 주는 데 있습니다. 이 책에서는 〈야단을 칠 때도 원칙을 지켜라〉 등을 비롯한 69가지 이야기를 통해 아이들의 능력을 계발할 수 있는 구체적인 방법을 가르쳐 주고 있습니다.

엄마, 나 사과 장사 할래__
꿈꾸는 아이

"엄마! 나 사과 장사 할래."

어느 날 큰 딸 유진이가 친구 엄마가 하시는 과일 가게에 놀러 갔다가 저녁 장을 보러 나온 사람들이 사과를 사는 모습을 보고 내게 한 말이다.

"엄마! 나 간호사 할래."
"유진아! 이왕이면 의사 어때?"
"의사는 일만 하고, 돈은 간호사가 다 가지잖아!"

유진이는 간호사가 돈을 받으니까 간호사가 돈을 더 많이 벌 것이라고 생각했던 것이다. 초등학교 1학년이었던 유진이가 이러한 직업관을 가지게 된 데는 어른들의 책임이 크다.

“승민아! 넌 뭐가 되고 싶어?”
“화가요!”
“에이~, 그건 밥 먹고 살기 힘들어.”
“왜요?”
“그 직업으로는 돈을 많이 못 벌잖니.”
“민구야! 너는 뭐가 되고 싶어?”
“의사요!”
“그래. 열심히 공부해서 꼭 의사가 되거라.”

그때 바로 화가의 꿈을 접었던 조카 승민이는 지금은 ‘글을 쓰는 사람’이 되고 싶다고 말한다. 어른들은 글 솜씨가 아주 뛰어나지 않으면 글을 쓰는 것 역시 밥 먹고 살기 어려운 직업이라고 걱정하시지만 조카는 꿈을 굳혔다. 왜냐하면 화가가 꿈이라고 대답할 때보다 나이를 더 먹었고, 자신이 무엇을 잘하는지 알고 있기 때문이다.

모 텔레비전 프로그램에 소개된 한 엄마는 딸을 세계적인 인재로 키우기 위해 홈스쿨링으로 학습하고 있으며, 하버드에 입학시키기 위해 태어나면서부터 영어 공부를 비롯한 여러 가지 준비를 하고 있다고 말했다. 또한 자신의 아이가 태몽에서처럼 세계를 돌며 하느님을 찬양하는 사람이 되기를 바란다고 했다. 그런데 이 아이는 과연 자기 스스로 하버드를 졸업하고 세계를 돌며 찬양하는 사람이 되려는 꿈을 꾼 것일까? 혹 엄마의 암시 때문에, 자신의 생각은 가져보지 못한 채 엉겁결에 그렇게 생각하게 된 것은 아닐까?

아이들이 꿈을 선택할 때 많은 부분 부모의 입김이 작용한다. 어른의 기준에서 좋은 직업과 나쁜 직업, 돈을 많이 버는 직업과 그렇지 못한 직업이 가려진다. 그러다보니 아이들은 자연스럽게 부모들이 반대하는 직업은 하찮거나 별 볼일 없는 것쯤으로 여기게 된다. 하지만 시간이 지나고, 아이가 성장해서 어른이 되어 보면 당시에 가졌던 생각들이 얼마나 잘못된 것인지를 알게 된다. 결국 자신의 흥미와는 전혀 상관없는 다른 길을 부모에 이끌려 걷게 되기도 하며, 부모가 이루지 못한 꿈을 강요받기도 한다. 하지만 그렇게 자신이 원하지 않는 길을 걷게 되는 경우, 도중에 하차하기도 하고, 가던 길을 되돌아가기도 하며, 가려던 길에서 벗어나 다른 길로 가기도 한다.

물론 한 번에 성공적인 길을 걷기란 쉽지 않다. 그러나 내가 하고 싶고, 가고 싶은 길을 걷다가 뒤돌아서는 사람과 타인에 의해 걷게 된 길을 다시 돌아가야 하는 사람 사이에는 책임감이라는 차이가 있다.

아이들이 이렇게 이중의 삶과 책임감 없는 삶을 살지 않게 하기 위해서는 자신의 재주와 흥미 또는 능력 등을 살펴 스스로 선택하고 노력할 수 있도록 도와주어야 할 것이다.

어떤 사람은 초등학교 4학년 이상이 되면 자신이 어떤 직업을 가질 것인지가 정해져 있어야 한다고 말한다. 그리고 어릴 때부터 그 길을 향해 하나씩 포트폴리오를 적립해 나가야 한다고 한다. 하지만 하루에도 수십 번씩 꿈이 바뀌는 아이들의 특성을 고려해 볼 때, 섣불리 하나의 꿈만을 향해 달려가라고 조언하기도 어렵다. 꿈이 꿈으로만 끝나지 않고 현실이 되기 위해서는 본인 스스로 꿈을 꾸어야 한다.

꿈을 꾸게 해 주세요

아이들은 눈에 보이는 것만을 꿈꿉니다. 대부분의 아이들이 연예인, 방송인, 의사, 선생님, 경찰관과 같은 꿈을 꾸는 것은 바로 이 때문이지요. 우리 아이들이 다양한 꿈을 꾸기 바란다면 부모의 꿈부터 이야기해 주세요. 어릴 때 가졌던 꿈과 현재의 일, 그리고 남은 미래의 꿈을 이야기해 주세요.

백남준의 아버지는 백남준이 자신의 사업을 잇기 바라면서도 백남준이 작은 세상 속에서 꿈꾸기보다 넓은 세계를 무대로 꿈꾸길 바랐지요. 그래서 더 많은 것을 보여 주고, 더 많은 것을 경험하도록 해 주었다고 합니다. 유럽에서 한 음악과 미술 공부 등이 활력소가 되어 남들은 생각도 하지 못한 비디오 아티스트가 되었지요.

아이에게 다양한 직업에 대해 알려 주고 싶다면 신문을 살펴보도록 하세요. 신문 속에는 다양한 직업을 가진 사람들의 많은 이야기가 담겨 있답니다. 그 이야기들을 바탕으로 미래 꿈에 한 발 더 가까이 갈 수 있게 해 주세요. 여러분의 자녀가 더 큰 꿈을 꾸기 원한다면 더 많은 것을, 더 큰 세상을 보여 주세요.

축구 선수가 꿈이라고?__
미래가 보이는 꿈을 꾸게 하자

남자 아이들의 꿈 가운데 높은 비중을 차지하는 것이 축구 선수이다.

"축구 선수가 되기 위해 어떤 노력을 하면 될까?"라고 물으면 10명 중 8~9명은

"축구를 열심히 해요."

그런데 정말 축구만 열심히 하면, 속된 말로 공만 잘차면 축구 선수로서 성공할 수 있는 것일까?

한 친구가 축구 선수가 되겠다는 아이에게 "축구 선수가 되려면 머리도 좋아야 한다."라고 말했다. 축구 선수가 되려는 아이가 이를 인정하지 않자 "축구에는 전략과 전술이 필요한데, 머리가 나쁘면 전략과 전술을 짤 수 없다."고 하였다. 축구 선수가 되겠다는 친구는 그때서야 친구의 말을 이해했다.

축구 선수라는 직업의 마지막 단계는 결코 선수가 아니다. 생명이 짧은 선수 생활이 끝나면 코치로 한 발 나아가야 하고, 이 단계를 거쳐 감독의 위치에 오를 수 있어야 하며, 최종적으로 국가 대표 감독의 자리까지 올라야 한다. 이것이 바로 꿈의 종착역이다.

그런데 아이들은 축구 선수 위에는 아무것도 없는, 축구 선수 그 자체가 꿈이다. 이런 꿈만 가지고는 미래의 삶을 온전히 그려 낼 수 없다. 축구 선수가 꿈이라면 적어도 목표를 향해 끝까지 달려갈 수 있는 지구력과 체력, 그리고 전략과 전술을 짤 수 있는 머리, 선수들을 잘 관리하기 위해 필요한 인간 행동에 대한 연구와 리더십, 그리고 전문가 수준의 감각과 지식이 필요하다.

이 능력들은 모두 학문에서 비롯된다. 따라서 기본적인 것들을 무시하면 결코 꿈을 이룰 수 없다. 그렇다고 해서 모두가 공부를 잘해야 한다는 이야기는 아니다. 다만 기본이 되는 기초 학력과 기본 실력은 익혀 둘 필요가 있다는 것이다.

구체적인 꿈을 꾸어요

소방관들이 가장 좋아하고 예뻐하는 아이들은 어떤 연령층의 아이들일까요? 바로 유치원생이라고 합니다. 커서 소방관이 되겠다고 말하는 아이들이 유치원생뿐이기 때문이라네요.

우리 아이들에게 자신의 꿈을 이야기해 보라고 하면 연예인, 선생님, 의사 등과 같이 막연하게 대답합니다. 이 대답이 왜 막연하냐고요?

연예인에는 가수, 탤런트, 개그맨 등과 같이 다양한 분야가 있고, 선생님 또한 유치원 선생님, 초등학교 선생님, 중·고등학교 선생님, 국어 선생님, 수학 선생님 등이 있기 때문입니다.

따라서 우리 아이들이 보다 이상적이고, 보다 높으며, 보다 구체적인 꿈을 꾸기 위해서는 자녀의 꿈을 좀 더 구체적인 형상으로 만들어 주어야 합니다.

꿈을 어떻게 지도해야 구체적으로 접근할지 어렵다면 책을 활용해 보세요. 다산교육의 《나는 커서 무엇이 될까?》 시리즈를 비롯한 직업에 관한 다양한 책들이 시중에 판매되고 있답니다. 이런 책들을 통해 자신이 되고자 하는 직업에 한 발 더 가까이 다가갈 수 있도록 도와주세요.

국제중학교에 떨어진 유경이 꿈__
세계를 무대로 꿈꾸게 하자

"엄마! 나 제빵사 될래."

"넌 빵을 안 좋아하잖아"

"내가 먹는 건 안 좋은데, 어려운 사람들에게 나누어 주고 싶어."

유경이는 초등학교 4학년 때까지 제빵사를 꿈꾸었다. 어떤 사람은 드라마 '내 이름은 김삼순'의 영향을 받은 것이 아니냐고 묻기도 하지만 유경이는 그 이전부터 제빵사가 되겠다는 꿈을 꾸고 있었다.

"유경아! 좋은 생각이다. 그런데 이왕 어려운 사람들을 도울 거면 네가 더 훌륭한 제빵사가 되어서 몸에도 좋고, 맛도 좋은 빵을 나누어 주는 것이 좋지 않을까?"

"더 훌륭한 제빵사?"

"그럼! 한약재 등 여러 재료를 넣어서 영양가 있는 빵을 만들려면 대학에 진학해서 식품 영양학 등도 공부해야 하고, 이왕이면 우리나라에서 최고뿐만 아니라 세계적으로도 유명한 빠띠쉐가 되는 것이 좋겠지? 그러려면 프랑스나 일본으로도 유학을 다녀와야 하고."

"와! 그렇게 공부해야 하는 거야?"

대화를 하다 보니 어느덧 대학은 기본, 유학은 필수가 되어 버렸다. 이후 유경이는 세계에서 뛰어난 빠띠쉐가 되기 위해 공부를 했다.

빠띠쉐가 되겠다는 유경이의 꿈은 청심국제중학교를 준비하면서 외교관으로 바뀌었다.

"엄마! 글로벌한 꿈을 꾸는 사람이라야 한데."

"국제적으로 활동할 사람들을 선발하여 교육하는 곳이니까 글로벌한 꿈을 꾸는 사람을 찾겠지?"

"내 꿈은 그냥 제빵사인데?"

"아니지. 넌 글로벌한 제빵사잖아."

사실 기회는 이때다 싶었다.

"유경아! 그럼 이 기회에 네 꿈을 다시 생각해 보는 것이 어때?"

그렇게 해서 찾은 꿈이 외교관이다. 물론 청심국제중학교는 떨어졌지만 꿈은 아직도 외교관이다. 이 꿈도 언제 바뀔지 모른다.

하지만 언제 바뀔지 모른다고 해서 마냥 꿈만 꾸게 놓아둘 수는 없는 일이다. 그래서 중학교 2학년에 올라가는 선물로 외교관이 어떤 과정을 거쳐야 이룰 수 있는지, 또 외교관이 어떤 일을 하고, 어떻게 생활하는지 등을 구체적으로 알고, 꿈꿀 수 있도록 하기 위해《국가 세일즈가 나의 임무 외교관》,《외교관은 국가 대표 멀티플레이어》등 외교관에 관한 책을 선물해 주었다.

유경이는 이 책 외에도《한국 외교관의 40개국 체험일기》,《책벌레 소년 외교관 되다》,《바보처럼 공부하고 천재처럼 꿈꿔라》등의 책을 통해 자신이 갈 대학과 학과, 필요한 자격증 등 외교관이 되기 위한 구체적인 꿈을 꾸고 있다.

꿈에 관한 책을 소개합니다

이 책은 15세에 127개의 꿈의 목록을 작성하고, 이 중에서 111개의 꿈을 이루어 '꿈을 이룬 사나이'로 유명해진 인물의 이야기입니다. 그는 자신의 이야기를 통해 꿈을 기록하고 시각화하는 것이 꿈을 이루는 데 얼마나 중요한 일인지를 이야기하고 있습니다. 꿈을 기록하면 구체적인 목표가 되고, 목표가 분명해지면 꿈을 이룰 수 있기 때문입니다.

미래에 대해 아무런 꿈도 꾸지 않는 아이들, 성적에 쫓겨 꿈의 소중함을 잃어가는 아이들에게 꿈을 꾸고 기록하는 것의 가치를 가르쳐 줄 것입니다.

이 책은 성공하지 못했지만 꿈 자체가 위대하다는 것을 알게 해 준 남극의 마지막 영웅 섀클턴, 계속되는 실패에도 불구하고 끊임없이 노력하여 마침내 꿈을 현실로 만든 라이트 형제, 역경을 딛고 모든 사람들의 친구가 된 토크쇼의 여왕 오프라 윈프리, 세계에서 가장 많은 기부를 한 착한 부자 빌 게이츠, 자신의 꿈을 모두의 꿈으로 만든 월트 디즈니, 책을 통해 키운 상상을 현실로 만든 스티븐 스필버그 등과 같은 인물들이 꿈을 이루기 위해 기울인 노력들을 담고 있습니다.

민구의 다재다능한 재능__
어떤 꿈을 키울 지 고민하자

초등학생 자녀를 둔 대부분의 부모들은 '우리 아이는 공부를 잘한다.'라고 말한다. 하지만 중학교에 올라가면 성적이 떨어진다. 이런 경우가 생기면 부모는 '머리는 좋은데 노력을 안 해서'라고 생각한다. 하지만 자녀가 노력을 안 하는 것도 실력이다.

엄마가 자녀의 멘토가 되기 위해서는 자녀로부터 한 발 물러서서 객관적으로 자녀를 바라보아야 한다. 그래야 내 자녀가 무엇을 잘하는지, 현재 상태가 어떠한지 등을 제대로 파악할 수 있다.

민구는 유치원 때부터 과학에 관심이 많아서 실험과 관찰을 즐겼다. 그래서 늘 과학과 관련된 꿈을 꾸었다. 어떤 때는 생물학자를 꿈꾸었다가, 어떤 때는 발명가를 꿈꾸고 지금은 의사를 꿈꾼다. 이렇게 아이가 과학과 관련된 꿈만을 꾸는 경우에는 부모로서 무엇을 도와주어야 하는지 감이 잡힌다.

하지만 아이들은 한 가지 꿈만 꾸는 것이 아니며, 소질 또한 한 쪽 분야에서만 나타내는 것도 아니다. 그래서 부모를 혼돈스럽게 만든다.

민구는 노래와 피아노에도 소질을 보였다. 그래서 가끔 가수나 피아니스트가 되고 싶다고도 했다. 남편과 나는 부모 입장에서 가수나 피아니스트를 하는 것보다 과학을 하는 것이 더 낫다고 생각했다. 그래서 아들에게 피아노를 치는 의사나, 노래를 잘 부르는 생물학자를 권했다. 다행히 민구가 부모의 의견을 받아들여 지금은 노래도 피아노도 취미 이상으로 생각하지 않는다.

필자의 지인 한 분도 자녀가 피아노에 소질을 보여 잠시 고민하신 적 있다고 하시면서 자녀에게 '피아노 쪽으로 갈 것인지, 공부 쪽으로 갈 것인지 잘 선택해라. 만약 공부를 선택했다면, 쓸데없는 가지는 많이 뻗지 않는 것이 좋다.'라고 조언해 주었다고 한다.

그런데 쓸데없는 가지는 외교관을 꿈꾸는 둘째 딸 유경이에게 더 크게 자라고 있었다. 꿈은 외교관인데 발명, 로봇, 관악과학영재교육원, 서울시과학영재학교 등과 같이 과학과 관련된 경력이 많다 보니 학교에서는 과학과 관련된 대회가 있으면 당연히 유경이가 출전하는 것으로 생각한다. 그래서 유경이는 한때 과학고등학교 진학을 고려하기도 했다. 하지만 다양한 대회 경력 만큼 과학 성적이 월등하지 않고, 무엇보다 과학이라는 과목을 좋아하지 않았기 때문에 과학고등학교는 더 이상 거론하지 않기로 결론지었다.

아이의 장점을 발견하고 원하는 목표를 향해 나아갈 수 있도록 잘 이끌어 주는 것이 부모의 역할이다. 하지만 말이 쉽지, 실제로 이러한 역할을 하기가 쉽지 않다. 아이가 꾸고 있는 수많은 꿈 가운데 어떤 꿈이 현실로 나타날 것인지 아무도 모르기 때문이다. 하지만 불확실하다고 해서 여러 가지를 뻗으면 이것도 저것도 아닌 길을 가게 된다. 그러니 한 가지 길을 걷되, 이러저리 살피면서 걸을 수 있도록 하는 것이 좋다.

자녀의 꿈을 검사해 보세요

오늘은 화가를, 내일은 과학자를 꿈꾸는 우리 아이들. 친구가 말하면 으레 나도 하고 싶다고 말하는 것이 아이들입니다. 하지만 부모는 내 아이가 욕심이 많고 재능을 보이는 것이라 착각하여 오늘은 고급 물감과 스케치북을, 내일은 값비싼 실험 도구를 사 줍니다. 하지만 아이의 욕구는 오래 가지 않지요.

꿈을 찾아 헤매는 자녀의 성격과 의사 표현 능력, 기타 숨은 재능을 정확하게 알고 싶다면 여러 가지 검사를 받아 보는 것도 좋은 방법입니다. 우리 주변에는 숫자 퀴즈도 풀고, 낱말 순서 분석도 하고, 각종 도형으로 놀기도 하면서 자녀의 적성을 평가하는 다양한 형태의 검사들이 많습니다.

이렇게 검사한 결과와 실제 자녀가 보이는 모습을 비교해 보세요. 두 가지가 비슷하다면 한 가지 방향으로 도움을 주고, 그렇지 않다면 자녀의 성향을 파악하는 자료로 활용하는 것이 좋습니다.

우리 아이 혹시 영재가 아닐까?__
영재성을 향상시키는 방법

부모들이 빠지는 오류가 몇 가지 있다. 첫 번째 오류는 '우리 아이가 혹시 영재가 아닐까?'하는 착각이다. 그래서 아이를 영재답게 키우기 위해 욕심을 내어 이런저런 영재 검사도 받게 하고, 이것저것 시키다보면 자녀들이 힘들어지고 생활도 즐거워지지 않는다. 그런 과정을 거치다 보면 어느새 '아닌가?' 하는 의문을 갖게 되고, 시간이 더 흐르면 영재가 아니라는 것을 깨닫게 된다. 또 실제 영재였던 자녀들도 부모의 기대에 부담을 느껴 결국 평범한 아이가 되기도 한다.

민구가 피아노와 과학에 영재성을 보였다. 피아노를 따로 배우지 않았는데 2학년이 되던 어느 날 양손으로 피아노를 연주했다. 물론 누나들이 치던 것을 보고 외워서 친 것이었지만 '혹시나?'하는 생각에 동네 피아노 학원에 보냈다. 그리고 대학 교수에게 따로 레슨도 받았다. 처음엔 자신이 영재라는 사실에 우쭐해 하던 녀석이 시간이 갈수록 버거워하기 시작했다. 피아노 치는 것을 굉장히 즐기던 녀석이 어느 순간부터 피아노를 조금씩 멀리하기 시작한 것이다. 그래서 최근, 레슨을 그만 두었다. 그리고 피아노 학원도 매일이 아니라 일주일에 4일만 나가도록 했다. 그랬더니 요즘은 집에서 다시 피아노를 치기 시작했다.

집중적인 재능 교육은 실력의 향상과 함께 높은 성취를 가져오지만, 동시에 심각한 학습 장애를 일으키는 원인이 될 수 있다. 평범한 아이들이 영재 교육을 받으려니 놀 시간이 없다. 영재도 마찬가지다. 영재성이 보인다는 이유로 버거운 학습을 하다 보면 놀이를 통해 얻을 수 있는 것들을 잃게 된다.

내 자녀가 영재라는 섣부른 판단도, 영재는 많은 교육을 받아야 한다는 오류도 범하지 않았으면 한다. 부모로 인해 아이가 가진 잠재 능력을 밖으로 드러내기도 전에 사장시켜 버리는 일이 발생할 수도 있기 때문이다.

영재성을 향상시키는 방법

우리는 흔히 영재는 특별한 훈련을 통해 그 능력을 키워 주어야 한다고 생각합니다. 하지만 그 특별한 훈련 가운데 가장 중요한 것이 즐길 수 있는 환경과 시간, 그리고 여유라는 것을 미처 깨닫지 못하지요.

우리 어른들이 생활을 통해 깨닫고 배워가는 것처럼 아이들은 놀면서 배우고 터득합니다. 영재가 자신의 영재성을 더욱 향상시키기를 바란다면 주입식 교육보다 스스로 생각하고, 스스로 깨닫는 학습을 할 수 있도록 도와주세요.

이 책은 비테 목사가 아들 칼 비테를 독일의 유명한 법학자로 만든 교육법과, 칼 비테 교육법을 실천하여 딸을 훌륭한 인재로 성장시킨 미국의 스토너 부인의 교육법이 담겨 있습니다. 영재는 태어나는 것이 아니라 교육에 의해 만들어지며, 어떤 부모라도 아이를 훌륭한 인재로 성장시킬 수 있음을 제시하고 있지요.

이 책은 단순한 지식보다 도덕성과 오감 훈련, 음악과 미술이 주는 효과 등에 대해 이야기하고 있습니다. 우리가 일상생활 속에서 놓치기 쉬운 것들의 중요성을 이야기해 주는 책이지요.

하기 싫으면 안 해도 돼?__
목표점 정하기

부모가 빠지기 쉬운 두 번째 오류는 하기 싫으면 안 해도 된다는 생각이다. 요즘 아이들은 재미있거나 즐거운 것만 하려고 한다. 유익한 것이거나 꼭 해야 하는 것일지라도 즐거움이 가미되어 있지 않으면 하려고 하지 않는다. 소위 잘 나간다는 학원 강사들이 강의를 할 때 여러 가지 액션을 가미하거나 특이한 의상을 입는 것은 바로 이 때문이다.

이것은 한때 불었던 열린 교육을 잘못 이해했기 때문이다. 아이들에게 강요하지 않고, 아이들이 하고 싶어 하는 것을 가르치자는 교육 풍토가 조성되면서 하기 싫으면 억지로 하지 않아도 된다고 가르치는 어른들이 늘어났다. 이는 큰아이를 키우던 필자도 마찬가지였다.

유진이는 어릴 때부터 많은 것을 배웠다. 5세 때 집 앞 피아노 학원에서 들려오는 소리를 듣고 일찍 피아노를 시작했고, 발레를 하는 또래 친구들을 따라 발레를 시작했으며, 미술, 수영, 검도 등을 배웠다. 하지만 무엇 하나 끝까지 한 것이 없었다.

하기 싫은 건 억지로 하지 않아도 된다고 가르쳤기 때문이다. 첫 딸인 유진이가 하고 싶다는 것이 있으면 바로 시키고, 싫다는 것은 곧바로 그만 두게 했던 것이다. 이런 교육관은 아이가 시작은 쉽게 하고 끝은 제대로 마무리하지 못하는 좋지 못한 습관을 형성하게 했다.

유진이를 보고 이게 아니다 싶어서 아이가 하고 싶다고 말하더라도 어느 정도 기간을 두어 좀 더 생각해 보도록 하였다. 그래도 하고 싶다고 하면, 아이와 약속을 했다.

"이왕 시작하는 거 어디까지 하겠다는 목표는 정하고 하자. 그래야 이 일을 끝마쳤을 때 효과를 볼 수 있다. 만약 네가 원하고, 너와 의논해서 시작한 것을 중간에 그만둘 때, 합당한 이유 없이 그만둔다면 네가 좋아하는 다른 한 가지도 같이 그만두는 것으로 한다."

그래서인지 유진이의 동생들은 쉽게 하겠다는 말을 하지 않으며, 섣부르게 그만 두겠다는 말도 하지 않는다. 그리고 시작할 때

약속한 단계까지는 마치려고 노력한다.

물론 예외는 있었다. 체르니 치는 것을 싫어 한 유경이는 반주법을 배웠기 때문에 기준이 바뀌어야 했고, 중학생이 되면서 학교생활과 영어 학원 때문에 시간이 맞지 않아 중간에 그만 두었다.

아이들에게 하기 싫어도 해야 하고, 하고 싶어도 하면 안 되는 것들에 대해 알려 주자. 그리고 한번 시작한 것은 미흡하더라도 끝까지 마무리를 짓는 습관을 가지도록 하자.

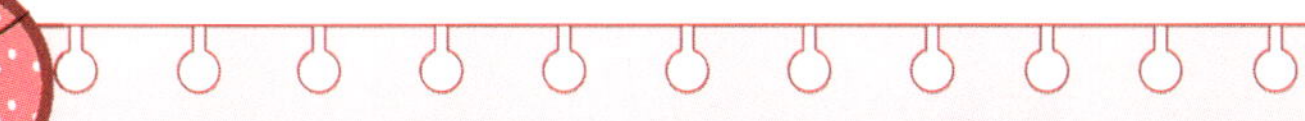

목표점을 정해 주세요

아이들에게 음악, 미술, 체육 등과 같은 예·체능을 가르치지만 언제까지 가르쳐야 하는지는 고민거리지요. 어떤 이는 전문가를 만들 것이 아니라면 맛만 봐도 좋다고 하고, 또 어떤 이는 이왕 배우는 거 끝까지 확실히 익히도록 해야 한다고 말합니다.

두 가지 모두 맞는 말이기 때문에 더욱 혼란스럽지요. 그래서 저는 몇 가지 기준을 잡았답니다.

❶ 예·체능은 가급적 초등학교 때까지만 배운다. 단, 악기는 잊어버리지 않을 정도로 방학을 이용해 꾸준히 연습한다.

❷ 배우는 목적을 확실히 정한다. 자신의 취미나 재능을 위한 것인지, 내신을 위한 것인지가 분명하면 기준도 다르게 잡을 수 있다.

❸ 내신이 목적이라면 학교에서 필요로 하는 것들을 기준으로 배운다. 더 이상의 배움은 스트레스가 될 수 있다.

❹ 취미나 재능을 위한 것이라면, 배움의 과정이 끝난 뒤에도 스스로 연습할 수 있도록 한다. 피아노를 배웠음에도 불구하고 처음 보는 악보라는 이유로 전혀 칠 수 없다면 배우는 것이 의미 없다.

❺ 약속한 과정까지는 마치도록 노력하여야 하며, 쉽게 끝내서는 안 된다.

❻ 언제나 예외는 있다. 단, 합리적인 이유가 있어야 한다.

테란의 황제 임요환에게 배우다__
공부 못해도 출세한다는 오류를 조심하자

세 번째 오류는 공부는 못해도 한 가지 특기만 있으면 대학에 갈 수 있고, 밥을 먹고 사는 데 어려움이 없을 것이라는 생각이다. 한때 유행했던 '신지식인'이라는 개념과 지금 불고 있는 '입학사정관제' 열풍은 마치 아이들이 공부를 못해도 성공할 수 있다고 오해하도록 만든다. 하지만 공부를 못하면 '세상의 1%'나 소위 '엄친아'로 성공하기 어렵다는 사실을 명심하자.

한때 게임 산업이 발달하고 프로게이머 임요환 선수가 두각을 나타내면서 일부에서는 공부는 좀 못해도 게임만 잘하면 먹고 사는 데 지장이 없다는 말이 오갔다. 하지만 이는 '게임의 황제', '테란의 황제'인 임요환 선수를 잘 모르고 하는 말이다. 임 선수는 중학교 시절부터 오락실을 좋아했다. 심지어 고등학교 3학년 때도 게임을 하기 위해 학교의 허락을 얻어 야간 자율 학습 시간 중 2시간을 게임에 할애했고, 재수를 하는 동안에도 프로게이머가 되기 위해 부단한 노력을 기울였다.

그럼 억대 연봉을 받게 된 임 선수에게 공부는 필요없었을까? 그저 게임만 잘하면 되는 것이었을까? 그는 게임을 위해 공부를 완전히 버린 것이 아니다. 당시 시험을 통과해야 갈 수 있었던 인문계 고등학교에 진학하기 위해 한때 좋아하던 게임을 중단했고, 고등학교 3학년 때도 게임 이외 시간에는 열심히 공부를 했다. 그리고 대학 진학을 위해 재수를 하던 동안에도 게임을 잠시 중단했다.

프로게이머로 활동하던 그는 원광대학교를 졸업하고, 이어 상명대학교 대학원에 진학했다. 단순히 생각하면 억대 연봉을 받는 임 선수에게 더 이상의 학교가, 아니 더 많은 공부가 무슨 소용이 있을까?라고 생각할 수 있지만, 한 가지를 잘 하더라도 그 사람이 조금 더 성장하고, 앞으로 나아가기 위해서는 기본 교육이 밑바탕에 깔려 있어야 함을 말해 주고 있는 것이다.

임요환은 게임도 '공부를 못하는 사람들이 하는 소일거리'가 아니라는 것을 보여 준 것이다.

임요환 선수의 일상을 보여 주는 책을 소개합니다

스타크래프트 프로게이머 임요환 선수의 자서전입니다. 저자의 광기에 가까운 몰입과 폭발적인 열정, 그리고 끊임없는 도전을 통해 우리 시대가 요구하는 새로운 성공 모델을 제시하는 책이지요. 끊임없는 연습으로 자신만의 전략을 만들어 우리나라는 물론, 세계에서도 알아 주는 스타크래프트 프로게이머가 된 저자의 이야기를 통해 화려해 보이는 프로게이머의 이면을 알 수 있고, 아울러 e 스포츠의 태동과 진화 과정도 알 수 있어요.

상위 1% 아이로 키우는 학습 멘토맘 되기

공부할 시간이 얼마나 될까?__
생활 계획표

삼남매가 거실 책상에 둘러앉아 생활 계획표 만들기 삼매경에 빠졌다.

"음~ 이때는 놀아야 하고…"

"음~ 이때는 자유 시간…"

"민구야! 너는 저녁밥 몇 시에 먹을 거야?"

"엄마! 우리 저녁밥 몇 시로 할까?"

자신의 생활 계획표를 만드는 데도 다른 사람과 맞추기 바쁘다. 이렇게 아이들 손으로 만든 생활 계획표는 필자의 손을 거쳐 수정되고, 컴퓨터로 예쁘게 정리된다.

자녀가 어린 경우 대부분의 생활 계획표는 엄마에 의해 만들어진다. 물론 저학년 때는 큰 문제가 되지 않지만 나중에는 스스로 아무것도 할 수 없는 아이들이 된다. 그렇다고 해서 처음부터 혼자 계획을 세우도록 하는 것도 현실적으로 어렵다. 계획을 세워본 경험이 없는 아이들이 처음 작성한 계획표는 학교, 학원, 숙제, 꿈나라만 있다. 엄마의 조언이 필요한 이유는 바로 이 때문이다.

방학 때는 캠프나 예습 등과 같은 특별 프로그램이 많기 때문에 이번 주와 다음 주의 시간 계획이 전혀 다를 때도 있다. 그래서 방학 생활 계획표는 기간 동안 모두 작성하는 것이 좋으며, 방학 과제가 있다면 그것을 해결하기 위한 시간도 포함시키는 것이 좋다.

계획표를 만드는 데는 여러 가지 방법이 있다. 그 가운데 하나가 공부할 시간을 정해놓고 그 시간 동안 공부하는 습관을 가지게 하는 것이다. 일리 있는 말이다. 하지만 필자는 책상 앞에 앉아만 있다고 공부가 저절로 되는 것은 아니라고 생각한다. 그래서 시간과 아울러 공부할 분량도 정하도록 한다. 시간 안에 정해진 분량을 다 하면 남은 시간은 자유롭게 쓸 수 있도록 하였다. 그랬더니 시간만 채우느라 빈둥거리지 않고, 나머지 시간에는 책을 읽거나 게임을 하였다. 반대로 주어진 시간 안에 분량을 채우지 못했다면 자유 시간을 이용하여 끝마치도록 하였다.

이 계획표를 본 사람들의 질문 중에 하나가 '정말 이대로 지키나?'이다. 답부터 말하자면 아니다. 하지만 민구는 이렇게 작성한

유경이의 초등학교 4학년 당시 주간 생활 계획표

유 경 이 의   일 주 일

시간	월	화	수	목	금	토	일
07:00	기상						기상
07:30	세수 및 신문 읽기						
08:00	아침 식사						세수 및 아침식사
08:30~01:30	학교	학교	학교	학교	학교	학교	삼성홈플러스 강서 문화센터 NIE교실
01:30~02:00			자유 시간			자유시간	
02:30~03:30	자유 시간	자유 시간	자유 시간	자유 시간	눈높이 국어		자유시간
04:00~04:30	영어 학원	피아노	피아노	피아노	영어 학원	성당	
05:00~05:30		문제집	문제집	삼성홈플러스 영등포 문화센터 노래교실			
06:00~06:30		책 읽기	책 읽기			독서 및 독후활동	
07:00		요가	요가				
07:30	저녁식사	저녁식사	저녁식사		저녁식사	저녁식사	
08:00~08:30	숙제·교과 복습	숙제·교과 복습	숙제·교과 복습	숙제·교과 복습	숙제·교과 복습	테마 NIE	
09:00~09:30	학원 영어 복습	독서·독후활동	독서·독후활동	독서·독후활동	학원 영어 복습		
10:00	학습일기쓰기	학습일기쓰기	학습일기쓰기	학습일기쓰기	학습일기쓰기		
10:30	취침						

중학교 1학년 유경이의 여름 방학 생활 계획표

유경

시간	7/20 월	7/21 화	7/22 수	7/23 목	7/24 금	7/25 토	7/26 일	7/27 월	7/28 화	7/29 수	7/30 목	7/31 금	8/01 토	8/02 일
07:00~08:00	기상 아침	기상 아침	기상 아침	기상 아침	기상 아침	기상 아침		기상 아침	기상 아침	기상 아침	기상 아침	기상 아침	기상 아침	
08:30~11:00	사회책 읽기	사회책 읽기	사회책 읽기	국어 자습서 읽기	국어 자습서 읽기	국어 자습서 읽기		서울대 관악영재 교육원 (9:00~4:00)	서울대 관악영재 교육원 (9:00~4:00)	서울대 관악영재 교육원 (9:00~4:00)	서울대 관악영재 교육원 (9:00~4:00)	서울대 관악영재 교육원 (9:00~4:00)	복지관 봉사활동 (9:00~12:00)	
11:00~12:00	독서	에듀숙제	독서	점심	점심	점심								
12:00~01:00	점심	점심	점심				자유시간							가족 휴가
01:00~02:00	독서	독서	독서	서울 체험 과학 (강현중)	서울 체험 과학 (강현중)	서울 체험 과학 (강현중)								
02:00~05:00	방학 계획	수학 문제집 / 영어 예습	수학 문제집 / 영어 예습			미술							점심 / 미술	
05:00~07:00	에듀 플러스 수학 (5:30~7:00)	저녁	에듀 플러스 수학 (5:30~7:30)	저녁	에듀 플러스 수학 (5:30~7:00)	성당		에듀 플러스 수학 (5:30~7:00)	저녁	에듀 플러스 수학 (5:30~7:00)	저녁	에듀 플러스 수학 (5:30~7:00)	저녁	
07:00~09:30	검도	청담 어학원 (7:00~10:00)	검도	청담 어학원 (7:00~10:00)	검도	국어 자습서 읽기		검도	청담 어학원 (7:00~10:00)	검도	청담 어학원 (7:00~10:00)	검도		
09:30~11:00	영어숙제		영어숙제		눈높이 / 와이즈만 숙제			영어숙제		영어숙제		눈높이 / 와이숙제		
11:30	취침	취침	취침	취침	취침	취침		취침	취침	취침	취침	취침	취침	

초등학교 4학년 민구의 학기 중 생활 계획표(진한 부분은 집에서 생활하는 시간을 나타냄.)

시간	월	화	수	목	금	토	일
07:00	일어나서 씻고 옷 입기						
07:30	피아노(하농 손가락 연습)						
	눈높이국어	눈높이국어	눈높이수학	눈높이수학	눈높이과학	눈높이 조금씩	
08:00	아침 밥						
08:30~09:00	등교	등교	등교	등교	등교	등교	성당
10:00~11:30	학교 / 쉬는 시간에 책 읽기	학교 / 쉬는 시간에 책 읽기	학교 / 쉬는 시간에 책 읽기	학교 / 쉬는 시간에 책 읽기	학교 / 쉬는 시간에 책 읽기	학교 / 쉬는 시간에 책 읽기	성당
02:00			샤워/자유	집 눈높이숙제 (과학)		자유시간	아빠와 함께
03:00~03:30	방과 후 (바이올린)	샤워/자유	방과 후 (컴퓨터)	피아노학원 (피아노레슨)	방과 후 (생명과학)	자유시간	아빠와 함께
04:00~04:30	방과 후 (바이올린)	방과 후 (로봇과학)	방과 후 (컴퓨터)	피아노학원 (피아노레슨)	방과 후 (생명과학)	자유시간	아빠와 함께
05:00~05:30	방과 후 (원어민영어)	방과 후 (원어민영어)	방과 후 (원어민영어)	방과 후 (원어민영어)	방과 후 (원어민영어)	영어비디오	아빠와 함께
06:00~06:30	피아노학원 (피아노레슨)	집 눈높이숙제 (일어,한자)	피아노학원 (동요 연습)	눈높이샘(집) (수학,과학,일어)	피아노학원 (피아노레슨)	영어비디오	저녁 밥
07:00~07:30	저녁 밥 학교 숙제 원어민숙제	저녁 밥 학교 숙제 원어민숙제	저녁 밥 학교 숙제 원어민숙제	저녁 밥 학교 숙제 원어민숙제	저녁 밥 학교 숙제 원어민숙제	저녁 밥	TV시청
08:30~09:00	샤워·책읽기	검도	샤워·책읽기	검도	책읽기	잡지 읽기 (위드키즈) (과학소년)	TV시청
09:30	집 눈높이숙제 (사회)	샤워·책읽기	집 눈높이샘(집) (국어,사회,한자)	샤워·책읽기	문제집 (국어, 수학) (사회, 과학)	샤워·책읽기	샤워·책읽기
10:30	바이올린일기	로봇과학일기	컴퓨터일기	영어일기	생명과학·해양	독서일기	학습 일기
11:00	신문스크랩, 생활계획표, 가방 정리(수저, 계획표, 준비물, 일기 챙기기), 방 정리						
12:00	잠자리						

계획표를 가방과 필통 등에 넣어가지고 다니면서 오늘, 지금 내가 무엇을 해야 하는지 엄마의 도움 없이 스스로 알아서 챙긴다.

처음 시작하는 자녀라면 가급적 '실행 가능'과 '스스로 실천'에 목표를 두는 것이 좋다. 그리고 때에 따라 융통성을 발휘하여 자녀가 계획표 외의 일도 할 수 있도록 하는 것이 좋다.

이렇게 스스로 계획표 세우고, 실행하기가 훈련이 되면 중·고등학교에 올라가서도 학교와 학원의 방대한 학습량에 지치지 않고 스스로 학습하기가 쉬워진다.

계획표를 만들 때 고려할 것들

1. 네모 모양의 표로 작성한다

시계 모양으로 그려진 동그란 생활 계획표는 이제 안녕을 고해야 합니다. 요일마다 학교가 끝나는 시간이 다르고, 학원도 주 1회 가는 곳부터 주 5회 가는 곳까지 제각각 다르기 때문에 더 이상 동그라미 안에 모두 집어넣을 수가 없지요. 이제는 표로 그려진 계획표에 요일별로 작성합니다.

2. 놀 시간부터 헤아리게 한다

아이들에게 학교나 학원 등 반드시 해야 할 일을 먼저 기록하라고 하기보다, 놀 수 있는 시간을 먼저 헤아리도록 배려하면 당연히 해야 하는 것이 무엇인가를 먼저 생각하게 됩니다. 자녀 입장에서 보면 '와우! 엄마가 노는 것부터 챙겨 주네!'하고 생각할 것입니다.

3. 주간, 월간, 연간 계획표를 함께 만든다

거창하게 내 인생의 목표가 무엇인지, 어떻게 살아야 하는지를 계획하지 않더라도, 1년 동안 무엇을 해야 하는지, 그러기 위해 한 달 동안 어떤 것을 할 것인지, 그리고 일주일 동안 무엇을 할 것인지를 일일 계획과 함께 만들어 봅니다. 이때에는 학교의 학사 일정을 참고하여 만드는 것이 좋습니다. 특히, 시험 기간이나 방학과 같은 특정 기간에 대한 계획표는 별도로 만드는 것이 좋습니다.

과목별 공부를 위해 필요한 것은?__
공부의 설계도

"악기 하나 정도는 다룰 줄 알아야 한다고 하니까 6학년 때까지 플룻 계속 불고, 선생님께서 정기 연구회를 하신다고 하시니까 그거 참석하면 되겠다. 그리고 스포츠도 잘해야 된다고 하니까 교내 대회에서 육상 800m 1등상 받은 거 제출하면 되고, 그리고 검도도 꾸준히 다녀서 1단 이상 따 놓고, 협력이 중요하니 시범단 활동도 해 볼까?"

초등학교 5학년 때 청심국제중학교를 알게 된 유경이는 조금 늦은 감이 있지만 입학 시험 준비를 해 보기로 했다.

"공부는 5학년 성적부터라고 하니까 좀 더 공부해서 1등을 하면 되고, 리더십이 있어야 된다고 하니까 당선되든, 떨어지든 올해에는 전교 어린이 부회장에 출마하고, 그리고 내년에는 전교 어린이 회장에 출마하고…"

유경이는 1년 반 남은 기간 동안 청심국제중학교 지원에 필요
한 이력을 쌓기 위해 계획을 세웠다. 그 결과 4학년까지 반에서
2~3등이었던 성적을 전교 2~3등으로 끌어올렸고, 5학년 때 전
교 부회장 선거에서는 떨어졌지만, 6학년 전교 회장이 되었다.

이후 청심국제중학교 입학생 선발에서 떨어지긴 했지만 유경
이는 자신에게 필요한 것이 무엇인지를 스스로 살피는 방법과 그
것을 어떻게 하나씩 이루어나갈 것인지 설계하는 법을 배웠다.

유경이는 외교관이라는 꿈을 가지고 있다. 이 꿈에 맞게 중학
교에서는 내신을 잡아 국제고등학교나 외국어 고등학교로 진학하
겠다는 설계를 하였다. 평소 학교 수업 외에는 따로 공부를 하지
않는 유경이는 중학교 2학년이 되면서 내신이 중요해지자 한 해
동안의 공부 전략과 시험 대비 전략을 짰다.

우선 학원을 정비하였다. 영어는 집으로부터 약 40분 거리에
있던 어학원을 그만두었다. 수업 내용과 공부 방식. 그리고 선생
님 등 모든 것이 마음에 들었지만 거리가 멀다보니 체력이 따라주
지 않아 가까운 곳으로 옮기기로 했다. 이곳저곳을 둘러보며 레벨
별로 수업이 가능하고, 숙제도 적당히 내주는 학원을 선택하였다.

그리고 수학이 부족하다고 생각되었는지 수학 학원을 등록하
였다. 수학은 영어와 다른 학원을 선택했다. 대부분의 학생들은
한 학원에서 여러 과목을 듣지만 유경이는 자신의 부족한 수학을

채워 줄 수 있고, 본인의 스타일에 가장 적합한 학원을 선택했다.

성적을 향상시키기 위한 과목별 공부 설계도 했다. 이 계획표 대로 다 지키지 못하더라도 가능하면 지키려고 노력하고 있다. 이 렇게 눈으로 보이는 공부 설계가 있어야 어느 정도 실천했는지를 알 수 있고, 자신의 상태도 파악할 수 있다.

다음은 1학년 말 성적이 떨어졌던 유경이가 2학년 첫 중간고 사를 맞아 세운 단기 계획표이다. 이 계획를 보면, 요일에 해당하 는 과목 선정은 물론이고 어떤 단원을, 어떤 교재로 공부하겠다는 것이 구체적으로 정해져 있다는 것을 알 수 있다.

연예인도 미스코리아도 어느 순간 갑자기 되는 것이 아니다.

중학교 2학년 유경이의 중간 고사 공부 설계표

유경						
월	화	수	목	금	토	일
3/1뉴스터디	02개학식성당 국어(완)22~44 수학(완)08~23	03에듀 과학(완)12~25	04뉴스터디	05에듀 국어문제풀이 수학문제풀이	06 과학(완)26~35 시험공부 (학습진단평가)	07 시험공부 (학습진단평가)
08뉴스터디 시험공부 (학습진단평가)	09학습진단평가성당 국어(완)45~57 수학(완)24~35	10에듀 과학(완)36~47	11뉴스터디	12에듀 국어문제풀이 수학문제풀이	13놀토 국어(완)58~73 수학(완)35~44	14 도덕,기가,한자공부 한 주 진도 맞추기
15뉴스터디	16성당 국생(완)8~25 수학(완)45~61 사회(완)12~19	17에듀 과학(완)48~57	18뉴스터디 국어(완)76~96 수학(완)62~70 사회(완)20~27	19에듀 국어문제풀이 수학문제풀이	20 국어(완)97~111 수학(완)78~79	21 도덕,기가,한자공부 한 주 진도 맞추기
22뉴스터디	23성당 국어(완)112~121 수학(완)80~91	24발명풍경진대에듀 과학(완)58~61	25뉴스터디 국어(완)122~133 수학(완)92~100	26에듀 국어문제풀이 수학문제풀이 사회(완)28~39	27놀토	28 도덕,기가,한자공부 한 주 진도 맞추기
29뉴스터디	30성당 국생(완)28~43 수학(완)102~117	31수련활동	4/1수련활동	02수련활동	03 국어(완)136~156 수학(완)118~129 사회(완)42~49	04 도덕,기가,한자공부 한 주 진도 맞추기
05	06뉴스터디 국어(완)157~175 수학(완)130~137	07에듀 과학(완)64~73	08뉴스터디	09에듀 국어문제풀이 수학문제풀이 사회(완)50~57	10놀토 국어(완)176~185 수학(완)138~146	11 도덕,기가,한자공부 한 주 진도 맞추기
12	13뉴스터디 시험공부(국어)	14과학의날행사에듀 과학(완)74~85 시험공부(과학)	15뉴스터디 시험공부(사회)	16에듀 국어문제풀이 수학문제풀이 시험공부(영어)	17 시험공부(수학)	18 도덕,기가,한자공부 한 주 진도 맞추기
19 시험공부 (국어,과학)	20수학과학경시 시험공부 (사회,기가)	2 시험공부 (수학,한문)	22영어듣기평가 시험공부 (영어,도덕)	23 시험공부 (영어,도덕)	24놀토 시험공부 (수학,한문)	25 시험공부 (사회,기가)
26 시험공부 (국어,과학)	27중간(국어,과학)	28중간(사회,기가)	29중간(수학,한문)	30중간(영어,도덕)	5/1벅일장	02

물론 예외도 있겠지만 오랜 시간 갈고 닦아 연예인과 미스코리아에 적합한 사람으로 바뀌었을 때만이 될 수 있는 것이다.

나의 미래를 위해 현재를 설계하는 것은 매우 중요하다. '일단 덤비면 뭔가 이루어지겠지.' 하는 생각보다, 설계를 한 후에 차근차근 하나씩 이루어 나가는 노력이 더 중요하다.

공부 설계를 할 때 고려해야 할 것들

1. 목표를 확인하라

어떤 직업을 목표로 할 것인지, 목표를 달성하기 위해 어느 대학, 어떤 학과를 지원할 것인지를 확인해야 합니다.

2. 목표로 하는 학교의 입학 전략을 확인하라

목표로 하는 대학과 학과에 입학하기 위해 어떤 공부를 해야 하는지 확인합니다. 짧게는 원하는 특목고의 입학 전형을 확인해야 합니다.

3. 나에게 얼마의 시간과 얼마의 열정이 있는지 확인하라

그래야만 구체적으로 공부를 설계할 수 있습니다.

예습과 복습은 왜 하는 걸까?__
수업에 재미를 주자

수업이 재미있으려면 어떻게 해야 할까?

새로운 드라마를 볼 때를 떠올려보자. 우리는 드라마의 예고편을 통해 드라마의 장르와 주인공, 전체 흐름 등과 같은 많은 정보를 얻게 된다. 그 정보들을 통해 드라마에 관심을 갖게 되고, 드라마에 대한 기대를 하게 된다.

수업도 마찬가지이다. 본 수업으로 들어가기 전에 예고편이 있어야 한다. 여러 가지 수를 배우게 된다면 그것들 가운데 어떤 수를 배우게 되는지를 알고, 이를 반복하여 접함으로써 친근감을 느끼게 된다.

'아는 만큼 들린다.'는 말이 있다. 예습을 하면 바로 '아는 것'이 생기게 되는 것이다. 내가 아는 것이 생기니 수업에 관심이 생기고, 선생님의 설명도 귀에 쏙쏙 들어오게 된다. 따라서 집중하라는 말을 하지 않아도 집중하게 된다. 이쯤 되면 예습이 중요하다고 더 이상 강조하지 않아도 될 것이다.

간혹 선행학습을 예습으로 생각하는 친구들과 부모님을 본다. 선행은 텔레비전에서 아직 시작하지 않은 외국 드라마를 케이블이나 다른 경로를 통해 보는 것처럼 앞서서 배운 것이지 드라마의 예고편이 아니다. 그러면 드라마의 예고편처럼, 정이 붙고 재미가 솔솔 생기는 예습은 어떻게 해야 하는 것일까?

필자의 삼남매도 예습을 한다. 하지만 삼남매의 예습은 다른 친구들의 예습과 조금 다르다. 일단 학원을 통한 선행학습보다 책을 통한 예습을 한다. 교과서 목차에 태양계가 등장하면 우주·태양계와 같은 주제가 담겨 있는 책들을 읽고, 어려운 수학 원리나 과학 원리가 등장하면 백과나 만화 등을 읽는다. 이렇게 책을 통해 예습을 하니 폭넓은 예습이 되고, 당연히 수업에 대한 관심이 높아진다.

민구는 책을 통해 예습을 해서 그런지 수업이 재미있다고 한다. 배운 것도 귀에 쏙쏙 들어온단다. 그러다보니 수업 내용을 놓치지 않고 듣는다. 심지어는 선생님께서 들려 주신 이야기까지도 내게 전달한다. 특히, 유경이는 수업 시간에 집중을 잘하는 편이다.

"아줌마, 수업 시간에 유경이한테 말 걸면 혼나요."

유경이와 같은 반 친구들의 증언이다. 그 만큼 수업에 대한 집중도가 높다는 이야기다. 이렇게 집중하여 수업을 들으니 집에서 공부하지 않는데도 상위권의 성적을 유지할 수 있는 것이다.

이렇게 집중을 해서인지, 수업 시간에 들은 것 가운데 잘 모르는 것을 표현하는 방식도 다르다. 대부분의 아이들은 '오늘 뭐 배웠는지 잘 모르겠어요'라고 이야기하지만, 유경이는 '오늘 배운 함수 중에서 일차는 이해가 가는데, 이차는 이해가 안 가.'하는 식으로 이야기한다. 즉, 자신이 이해를 하지 못했을 뿐, 오늘 무엇을 배웠는지 정확히 알고 있는 것이다.

이렇게 수업한 내용은 집에서 복습해야 한다. 복습은 필자의 삼남매가 잘 못하는 것이기도 하다. 놀기 바쁘고, 이것저것 하느라 바쁘다는 이유로 말이다. 그래서 유경이는 노트 정리와 학습일기로 복습을 한다.

집에서는 공부를 하지 않는 유경이지만 노트 정리와 숙제, 그리고 학습일기는 반드시 쓴다. 그러다보니 자연스럽게 복습을 하게 된다.

유경이에게 거창하게 복습을 하라고 했다면 쉽게 싫증을 냈을 것이다. 하지만 노트 정리와 학습일기처럼 공부 같지 않고, 어렵지 않은 것을 하게 함으로써 자연스럽게 복습을 하도록 하는 것이다.

대부분의 부모들은 자녀에게 예습과 복습을 시킨다. 하지만 필자는 아이들에게 수업이 재미있다는 생각을 가지도록 하기 위한 예습과 간단하면서도 자기만의 무언가를 할 수 있는 복습을 시킨다. 자녀가 공부를 잘하기를 바란다면 수업이 즐겁고 재미있다는 느낌을 가지도록 해 주자. 예습과 복습이 이러한 느낌을 가지는 데 도움이 된다면, 수업뿐만 아니라 나머지 공부도 즐거울 것이다.

'○○백과' 활용법

백과사전은 처음부터 끝까지 읽을 필요 없이 내가 원하는 부분만 쏙 빼내어 읽을 수 있고, 다양한 그림과 사진이 수록되어 있기 때문에 아이들의 흥미를 끌기에 매우 좋은 자료입니다.

❶ 읽기 자료로 활용한다

백과사전도 책입니다. 굳이 내가 원하는 것이 있어야만 보는 것이 아니라 심심할 때, 또는 여유가 있을 때 가볍게 읽습니다.

❷ 예습 자료로 활용한다

백과사전이라고 해서 모든 것이 들어 있는 것은 아니지만 배울 것을 직접 찾아보면서 공부를 할 수 있습니다.

❸ 지식 창고로 활용한다

한 가지 소재에 대한 다양한 지식을 쌓는 자료로 활용할 수 있습니다. 예를 들어 곤충을 찾아 읽다가 거미를 발견하면, 거미에 대해 좀 더 알아볼 수 있습니다. 이렇게 활용하면 단편적인 것 하나하나에서 끝나지 않고 연계하여 사고할 수 있는 능력이 향상됩니다.

상위 1%의 교과서 활용법을 주목하자__
세민이의 교과서 활용법

공부를 잘하기 위해 기본적으로 갖춰야 할 것이 무엇이냐고 물으면 대부분의 사람들이 좋은 학원과 선생님을 이야기한다. 하지만 공부의 기본은 교과서이다. 교과서에는 우리가 배우고, 익히고, 시험 보아야 할 모든 내용이 들어 있다. 그러나 많은 사람들이 교과서를 잘 살펴보면 공부를 잘할 수 있다는 말에 선뜻 동의를 하지 않는다.

필자는 사회 교과서 미리보기 특강을 지도할 때마다 아이들에게 이렇게 말한다.

"사회 공부를 잘하는 비결은 교과서를 4번 이상 읽는 것이다. 한 번은 동화책을 읽듯이 그냥 읽고, 두 번째는 흐름을 이해하며 읽고, 세 번째는 모르는 단어 등이 없도록 내용을 이해하며 읽고, 마지막

네 번째는 암기하듯이 읽어라. 이렇게 네 번을 읽으면 저절로 외워지게 되어 있다. 처음부터 모두 이해하겠다고 덤벼들면 끝까지 읽기 어렵다. 처음부터 욕심 부려서 모두 암기하겠다고 다짐하지 말고, 달리기를 하기 전에 몸을 풀듯 서서히 읽어나간다고 생각해라.”

이렇게 이야기하면 아이들은 ‘네 번을 어떻게 읽어요. 줄여 주세요.’라고 말한다. 교과서는 우리가 읽는 소설보다 짧다. 그래서 몇 번을 읽어도 부담이 없다. 교과서라는 이름 자체가 아이들에게 부담스럽기 때문에 읽어보지도 않고 “많다.” “어렵다.” “힘들다.” 등의 반응을 보이는 것이다. 하지만 교과서를 제대로 읽지 않고서는 공부를 제대로 할 수 없다.

여러분의 자녀는 국어 공부를 어떻게 하는가? 대부분의 학생들은 교과서에는 알아야 하는 내용들이 없기 때문에 ‘밑줄 쫙’ 그어진 참고서만으로 공부하는 경우가 많다. 하지만 지금 소개하는 세민이는 교과서를 잘 활용하는 아이이다. 세민이는 현재 고등학교 1학년이다. 세민이는 국어 공부를 할 때 참고서의 내용을 일일이 교과서로 옮긴다. 옮기면서 단원의 목표와 내용을 파악하고, 핵심을 알아간다. 세민이는 학원을 전혀 다니지 않지만 이런 방법으로 공부하여 중학교 때부터 줄곧 전교 1~3등을 유지하고 있다.

이제부터 과목별로 어떻게 교과서를 활용하는 것이 좋은지에 대해 알아보기로 하자.

우선 국어는 세민이와 같이 교과서에 메모를 하는 방법을 이용해 보자. 필기를 통해 개념을 정리하고, 이해하면, 시험을 볼 때 문제 풀기가 쉬워진다.

영어는 앞서 소개한 사회와 같은 방법으로 여러 번 읽어 본문이 자연스럽게 외워지도록 한다. 단, 우리말이 아니기 때문에 본문 해석 등은 읽는 과정 중에 하는 것이 좋다. 그리고 그냥 읽기만 하면 연결이 어려우므로 상황을 머릿속으로 떠올리면서 읽는 것이 좋다. 특히, 영어는 문장 부호 등과 같이 읽는 것이 좋다.

수학은 노트를 함께 이용하여 공부를 한다. 교과서에서 학습 목표로 제시한 공식을 노트에 정리한다. 공식을 정리한 후 교과서의 문제를 노트에 풀어 나간다. 이때 풀이 중에 나오는 다른 공식들도 노트에 함께 정리한다. 만약 문제가 어려워서 혼자 힘으로 풀지 못했다면 참고서를 보고 풀어본 후 형광펜이나 빨간색 색연필로 표시를 해 둔다. 그리고 다음에 다시 같은 부분을 풀어 이해하였는지를 확인하도록 한다.

공부를 잘하고 싶다면 교과서를 무시하지 말자. 상위 1%의 학생들은 교과서를 완전히 이해한 후에야 문제집을 푼다. 그래서 바탕이 튼튼한 것이다. 필자의 큰 딸인 유진이가 학교 공부만으로 대학에 합격할 수 있었던 비결도, 둘째 집에서 공부를 하지 않는 유경이가 좋은 성적을 유지하는 비결은 학교 수업, 즉 수업 시간에 교과서를 열심히 익혔기 때문이다.

그럼 교과서를 무시하고 공부하는 친구들은 어떤 결과를 낳을까? 우선 교과서의 기본적인 문제는 풀지만 그 원리를 제대로 이해하지 못했기 때문에 형태가 다른 문제가 출제될 경우 손을 대지 못한다. 조금만 응용하면 쉽게 풀릴 문제이지만 기본 원리를 이해하지 못했기 때문에 문제를 풀지 못하는 것이다.

교과서 제대로 보기

교과서는 특정 학생이 아닌 보통의 아이들을 가르치기 위한 것이에요. 따라서 매우 중요한 교재라고 말할 수 있습니다.

교과서를 제대로 활용하기 위해서는 교과서가 우리에게 가르치고자 하는 것을 제대로 파악해야 합니다. 그러기 위해서는 목차와 학습 목표 등을 놓치지 않아야 하지요.

또 각 교과별로 나뉘어 들어 있는 주제들을 하나로 묶어 생각할 수 있어야 합니다. 예를 들어 국어, 미술, 사회, 도덕 등에 들어 있는 '겨울'을 하나로 통합하는 능력을 길러야 하는 것이지요. 그래야 교과서를 바탕으로 한 통합 논술이 가능해집니다. 한 고등학교에서는 국어, 과학, 사회, 도덕 교사가 한 팀이 되어 논술을 지도합니다. 바로 통합 논술을 실천하고 계신 거랍니다.

우리 아이들이 교과서를 각각의 교재가 아닌 하나의 교과로 볼 수 있는 안목을 길러 주세요.

시험 기간에 사라진 유경이의 노트 __
공부달인의 노트정리

"유경아! 노트 좀 빌려 줘."

유경이가 초등학교 5학년 때 유경이의 친구인 성은이가 노트를 빌리러 왔다.

"왜? 노트가 없어졌어?"

"아뇨. 전 노트에 쓰여 있는 게 별로 없어서 유경이거 보고 베끼려고요."

"유경이도 너랑 비슷하겠지!"

"아니에요. 우리 반에서 유경이 노트 정리가 제일 잘되어 있어요."

유경이의 노트가 인기 있다는 사실을, 아니 정리가 잘되어 있다는 사실을 그날 처음 알게 되었다. 그동안 아이들에게 노트 정리법에 대해서는 따로 가르친 적이 없기 때문에 갑자기 유경이의 노트가 궁금해졌다.

유경이의 노트에는 선생님께서 중요하다고 말씀하신 내용들이 빼곡하게 정리되어 있었다. 그런데 자세히 살펴보니 한 번에 정리한 내용이 아닌 듯 했다. 수업 시간에 따라 적었다고 하기에는 많은 양이 쓰여 있었기 때문이다.

"유경아! 이걸 수업 시간에 모두 옮겨 적는 거야?"

"아니. 어떤 것은 수업 시간 중에, 어떤 것은 쉬는 시간에 적어."

"쉬는 시간에도 필기를 한다고?"

"응. 선생님께서 이야기를 길게 하시면 다 못 적잖아. 그래서 그런 건 기억해 두거나 다른 종이에 나만 알게 써 두었다가 쉬는 시간에 노트에 옮겨 적어. 나중에 뭐라고 쓴 건지 모르면 안되니까!"

유경이의 노트 정리법은 나름대로 규칙이 있었다.

필자의 학창 시절을 돌이켜보면, 노트 필기는 정말 잘되어 있는데, 성적은 좋지 않은 친구가 있었다. 노트 정리한 걸로만 보면 전교 1등감이었다. 그래서인지 필자는 학창 시절부터 중요한 것이 있으면 노트에 여러 색깔로 옮겨 적지 않고 바로바로 교과서에 기록하였다. 아이들에게 노트 정리법에 대해 자세히 가르쳐 주지 않은 것은 이 때문이다. 그런데 유경이는 누가 가르쳐 주지 않았음에도 불구하고 스스로 노트 정리를 잘하고 있었다.

최근에는 수행 평가를 받기 위해 준비해 둔 기술·가정 노트가 사라졌다. 얼굴이 잔뜩 일그러져서는 처음부터 다시 해야 한다며 씩씩대더니 교과서와 노트를 펴 들었다. 아니 없어진 노트 필기를 어떻게 다시 한다는 것일까? 그것도 남의 노트도 보지 않고서 말이다.

유경이는 중요 내용을 노트뿐만 아니라 책에도 표기해 두었던 것이다. 그래서 노트에 어떤 내용이 담겨 있었는지 책을 보고도 알 수 있게 정리되어 있었다. 집에서는 공부를 전혀 하지 않지만 학교에서는 쉬는 시간에도 정리를 하고 있었다는 것을 알 수 있었다.

노트 정리법에는 특별한 규칙이 있는 것이 아니다. 다만 이런 저런 방법 가운데 자신에게 편리한 방법을 찾으면 되는 것이다. 어렵다고 생각하지 말고 유경이와 같은 방법을 사용해 볼 것을 권한다. 하지만 명심해야 할 것은 나의 공부를 위해 노트 정리를 하라는 것이지 다른 사람에게 잘 보여 주기 위해 노트 필기를 해서는 안된다는 것이다.

처음부터 빨강, 파랑, 검정 등의 펜과 형광펜, 색연필 등을 한 손에 움켜쥐고 수업을 듣는다면 그 내용이 머릿속에 제대로 들어올까? 아마도 이건 빨간색으로 써야 하나 파랑색으로 써야 하나 고민만 하다 끝날 것이다. 그러므로 잘된 노트 필기를 따라하는 것이 아니라 조금 서툴고 색깔도 예쁘지 않지만 나에게 도움 되는, 나만을 위한 노트 정리를 해야 한다.

유경이의 기술·가정 노트(이 과목은 노트 정리가 수행 과제로 주어진다.)

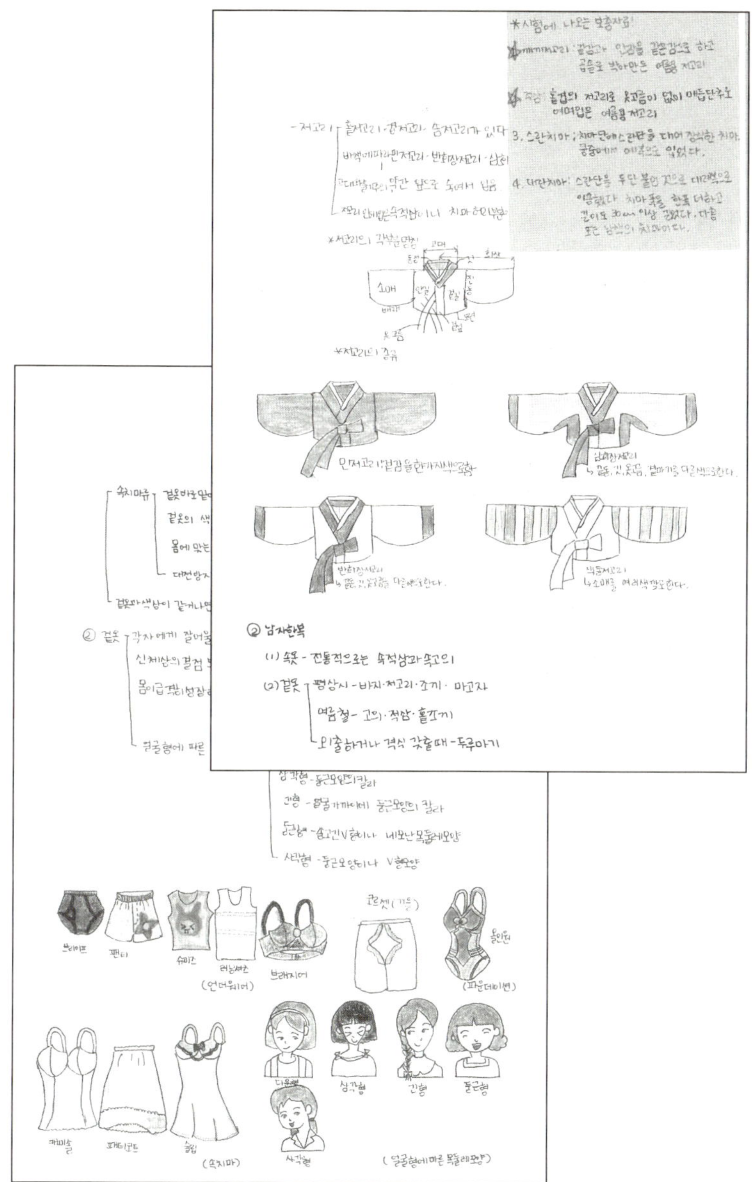

유경이의 노트 정리법

유경이의 노트 정리 노하우를 소개합니다.

❶ 수업 시간에 집중한다.

❷ 칠판에 판서되는 내용은 노트에, 교과서를 바탕으로 한 설명은 교과서에 연필로 적어두되 긴 이야기는 포스트잇이나 다른 메모지에 간단한 단어 몇 가지만 적어가며 듣고, 수업이 끝나면 해당 부분에 붙여 둔다.

❸ 쉬는 시간이 되면 교과서와 노트에 필기된 내용을 정리한다. 이때 연필로 필기된 것을 볼펜으로 옮겨 쓴다. 그리고 노란색과 빨간색의 색연필을 이용하여 중요한 것에 밑줄을 긋거나 별표로 표시해 둔다. 포스트잇이나 메모지에 써 둔 이야기는 간단하게 요약하여 다시 정리한다.

❹ 만약, 다음 시간이 체육이어서 정리할 시간을 갖지 못해 간단히 메모한 것이 무슨 내용인지 기억나지 않거나 시험 기간에 노트를 다시 보았을 때 의문 사항이 생기면 선생님을 찾아가거나 문자나 전화로 선생님께 문의한다.

자기주도 학습의 의지를 높이는 대화법__
부모가 해 줄 수 있는 방법

스스로 학습할 의지를 높이기 위해서는 '해라'식의 직접적인 명령보다는 스스로 생각하고 움직이도록 해야 한다.

"민구야! 지금 뭐 할 시간이지?"

"유경! 오늘은 어느 학원가는 날이야?"

간단하게 "공부해라.", "피아노 쳐라.", "수학 학원가라."라고 말할 수도 있지만 그보다 자신이 해야 할 것이 무엇인지에 대해 생각하고 스스로 행동으로 옮기게 하기 위해 엄마가 건네는 말에 변화를 주는 것이 좋다. 교육학에서는 이를 '유도 질문'이라고 한다. 즉, 묻는 사람이 답하는 사람으로 하여금 자신이 원하는 대답을 하도록 유도하는 질문법이다. 특히, 유도 질문법은 유아를 대상으로 할 때 많이 쓰이는데, 정답만 남겨놓고 모든 것을 질문 속에 다 넣어 물어보면, 답을 하는 아이들은 자부심을 느낀다. 집중력을 높이는 데에도 마찬가지 방법을 쓴다. 자신이 지금 무엇을 해야 하는지, 지금 그것을 하고 있는지, 생각한 것을 행동으로 옮기고 있는지 등을 스스로 묻고 답하도록 하면 집중도가 높아진다.

집중을 높이기 위해서는 가정이나 친구 간의 문제들도 해결되어야 하는데, 이 문제도 대화로 풀 수 있다.

중학교 들어서면서 유경이는 공부와 친구 사이에서 고민하고 있다. 자투리 시간에 공부를 하자니 친구가 부르고, 친구와 놀려고 하니 공부가 발목을 잡는 것이다. 이때에는 엄마와 아빠가 대화를 통해 친구 관계에 관한 조언을 해 주는 것이 좋다. 초등학생인 민구도 마찬가지이다.

"엄마! 친구들이 자꾸 나랑 ○○이랑 사귄다고 놀려."

"민구야! 그럴 때에는 네가 친구들의 놀림을 못 들은 척 하는 것도 하나의 방법이야. 친구들이 놀리는 것은 그게 재미있기 때문에 반복하게 되는 것이거든. 그런데 몇 번 놀려봐서 별 반응이 없으면 시시하고 재미없어서 안 하게 되어 있어. 그러니까 의젓하게 행동해. 별일 아니라는 듯이. 그리고 그런 놀림은 좀 받아도 괜찮아. 그 만큼 친구들이 네게 관심 있다는 이야기도 되니까. 시간이 지나면 그런 소문은 사라지게 되어 있으니까 너무 걱정하지 마."

이렇게 친구간의 문제를 이야기 나누고 나면 한결 홀가분한 마음이 되어 수업에 집중할 수 있게 된다.

자기주도 학습을 위한 부모 수칙

자녀가 스스로 무언가를 하길 바랄 경우, 부모가 먼저 지켜야 할 것들이 있습니다.

❶ 부모부터 공부한다

자녀를 교육하기 위해서는 부모가 많이알고 있어야 합니다. 이 책과 같은 교육 지침서에서부터 아이들이 배우는 교과서에 이르기까지 부모가 함께 읽고, 고민해야 합니다. '내가 너를 학원에 보냈으니 내 할 일은 다 했다.'는 식의 의무 방어형의 부모는 되지 말아야 하겠지요.

❷ 조바심과 욕심을 버린다

부모가 조바심을 내면 자녀도 불안에 떨게 되며, 이로 인해 스트레스를 받게 됩니다. 대부분의 부모가 '넌 머리는 좋은데, 노력을 안 하는 게 문제'라고 말합니다. 이 말을 들은 아이는 스트레스를 받게 되어 심한 경우 '틱 장애'를 앓기도 하지요. 공부는 짧은 시간에 해결되는 것이 아니라 긴 시간을 필요로 합니다. 따라서 조바심과 욕심을 버려야 합니다.

❸ 칭찬으로 자신감을 불어넣는다

우리나라 사람은 칭찬에 인색하지요. 칭찬을 하지 않는 것은 인정하지 않고, 만족하지 않고, 반기지 않기 때문이다. 칭찬으로 자신감을 불어넣어주어야 합니다. 하지만 과잉 칭찬은 오만을 낳을 수 있으므로 주의해야겠지요.

집중을 습관화하자 __
정신일도 하사불성

　필자의 학창 시절, 공부는 전혀 하는 것 같지 않은데 시험 성적은 꼭 상위권인 친구가 있었다. 늘 같이 놀던 친구들과, 죽어라 공부해도 좋은 성적이 나오지 않는 친구들의 입장에서 보면 정말 이해할 수 없는 친구라고 할 수 있다.

　그런데 둘째 유경이가 그런 녀석이다. 집에서는 공부하는 모습을 찾아보기 힘들다. 수련회나 야영 등에 빠짐없이 참석하는 것은 물론이고, 로봇 대회 준비 등으로 눈코 뜰 새 없이 바쁘다. 그런데 시험 성적은 항상 전교 10위 정도를 유지한다. 공부도 하지 않는 유경이가 좋은 성적을 유지하는 비결은 무엇일까?

精神一到何事不成

정신을 한 곳으로 하면 무슨 일인들 이루어지지 않으랴.

유진이의 비결은 바로 집중력이다.

유경이는 수업 시간 만큼은 집중을 한다.

유경이는 이렇게 수업 시간에 공부한 것을 바탕으로 시험을 치른다. 수업 시간에 발휘한 집중력이 빛을 발하는 순간이다. 하지만 유경이도 특정 과목과 특정 선생님의 수업을 졸기도 하고, 집중이 되지 않아 힘들어 한다. 이런 경우 몇 가지 원인이 있다.

"엄마! 오늘 수학 시간에 졸렸어. 선생님 목소리가 너무 작아서 저절로 잠이 오더라구."

"선생님 목소리가 모두 네 마음에 들 수는 없는 거잖아. 그러니 네가 맞춰야지. 조금 졸리더라도 참아봐."

"그리고 과학은 들어도 모르겠어. 너무 어려워!"

"어렵다고 생각하니까 더 어려운 거야. 너는 과학이라고 하면 무조건 싫어하잖아."

유경이는 선생님의 목소리가 자장가처럼 들리거나, 자신이 좋아하지 않는 과목일 때는 집중을 하지 못한다. 자신이 잘 모르는 내용을 배우거나 내용이 이해가 되지 않을 때는 더더욱 집중하지 못한다. 다른 친구들도 마찬가지일 것이다.

"우리 애는 집중을 잘 못해요."

"한 시간 넘게 앉아 있었는데 공부를 하기는 하는 건지…"

대부분의 엄마들이 하는 말이다. 사실 "몇 분을 하더라도 집중해라."라고 말하지만 집중해서 공부하기는 어렵다. 그럼 어떻게 해야 내 자녀가 공부에 집중할 수 있을까?

집중도는 교과에 대한 흥미가 없거나, 가정이나 친구 간의 문제로 학교 공부에 전념할 수 없을 때, 그리고 공부할 환경이 만들어져 있지 않을 때 떨어진다. 집중도를 높이기 위해서는 어떻게 해야 할까?

일단 교과에 대한 흥미를 불어넣어 주어야 한다. 우리가 학교 다닐 때 교과를 좋아할 수 있었던 이유들을 떠올려 보자. 가장 먼저 생각나는 것이 선생님을 좋아하는 것이다. 그 선생님께 잘 보이려고 특정 과목을 열심히 했던 기억이 있다. 초등학생의 경우 담임선생님 한 분이 거의 대부분의 과목을 지도하기 때문에 담임선생님 한 분만 좋아하면 거의 모든 과목을 잘한다.

또 다른 방법으로는 만화로 된 교과서를 활용해 보는 것이다. 필자가 만화를 좋아하는 막내에게 만화 교과서를 사 주었더니 교과서에 담긴 내용의 흐름을 파악하고 수업에 대한 흥미를 유발하는 데 많은 도움을 주었다.

집중력을 높이는 방법

❶ 명상법을 이용한다

공부를 하기 전 3~5분 정도 명상을 합니다. 명상을 하면 알파파가 증가되는데 이는 집중력, 기억력, 논리력을 향상시켜 줍니다.

❷ 간단한 체조를 한다

공부를 하기 전 기지개나 간단한 팔 운동을 하면 집중력을 기를 수 있습니다. 이 방법은 공부를 하는 중간에 졸릴 때에 많이 하는 방법이지만 실제로 공부하기 전 워밍업 작업으로 하는 것이 더 효과적입니다.

❸ 공부하기 전 집중력을 요하는 문제를 푼다

스도쿠나 미로 찾기 또는 숨은 그림 찾기 등 집중력을 요하는 문제를 품니다. 단, 너무 복잡하거나 긴 시간을 요하는 단계의 문제보다 집중력을 높일 수 있는 간단한 문제를 선택하여 풀어봅니다.

❹ 집중력을 높이는 음식을 먹는다

기억력 향상에 좋은 잣, 땅콩, 호두, 체리, 오미자, 연어, 흑임자, 바니니, 초콜릿 등을 먹습니다. 이러한 음식들은 기억력 향상에 직접적으로 도움을 주기도 하지만 아울러 플라시보 효과(투약 형식에 따르는 심리 효과. 즉 감기약이라며 녹말을 처방해 주었는데 감기가 낫는 현상)를 거둘 수도 있습니다.

방 청소 하다가 날린 공부__
집중력과 환경

공부법을 소개하는 많은 분들이 항상 공부하고 싶은 마음이 들도록 책상을 깨끗하게 정리하라고 말한다. 맞는 말이다. 책상이 깨끗하면 자리에 앉아 공부할 맛이 날 것이다. 그래서인지는 몰라도 자녀들에게 방부터 정리하라고 시킨다. 그러면 아이들은 깨끗해진 방을 보며 매우 흡족한 얼굴로 이마의 땀방울을 닦으며 침대에 걸터앉아 한 마디를 한다.

"와우! 깨끗하니까 좋은 걸! 청소하느라 힘 좀 썼더니 피곤하네! 쉬었다가 해야겠어."

조금 전까지 공부하겠다던 마음도, 잠시만 쉬자던 생각도 어딘가로 날아가고 침대에 누워 자고 만다. 결국 오늘도 공부는 못하고 방 청소만 한 채 하루가 끝나버렸다. 그럼 내일은 깨끗한 방에서 공부할 수 있을까? 아침에 일어나 학교 가기 위해 이것저것 뒤지고 꺼내 놓다보면 결국 방은 다시 지저분해진다.

우리 삼남매의 공부 환경은 조금 다르다. 일단 나는 아이들에게 청소를 강요하지 않는다. 그렇다고 필자가 대신 치워주지도 않는다. 아빠가 청소를 요구하지 않는 한 그 누구도 솔선수범하여 정리하는 법이 없다. 그래서 깨끗한 환경은 손님이 오시거나, 월 중행사로 변한지 오래다. 느닷없이 놀러온 몇몇 엄마들은 '집에 폭탄 맞았어?'라고 한 마디씩한다.

그럼 앞에서 말한 대로 깨끗하게 정리되지 않은 환경에 놓인 우리 집 삼남매는 늘 공부하고 싶은 마음이 안 생겼을까? 사실 공부를 별로 안한 것은 사실이기 때문에 딱히 틀렸다고 하기도 어렵지만 결과적으로는 아니다.

유진이는 방 정리, 책상 정리는 못했지만 자기주도 학습으로 대학에 입학을 하였고, 전교에서 열 손가락 안에 들 정도로 공부를 잘한다.

그러고 보면 공부방 환경이 어떠해야 한다는 정확한 답은 없다. 단지 개인의 선호도에 따라 다를 뿐이다. 결국 자신에게 맞는 환경을 스스로 만들고 공부방을 개선해 나가는 수밖에는 없다. 좋은 환경이 학업 성적을 올리는 계기가 될 수도 있지만 너무 좋은 환경만을 고집하는 것은 오히려 결벽증 및 집중력 저하 등의 원인이 될 수도 있다.

우리가 원하는 것이 깨끗한 방인지, 아니면 공부를 즐길 수 있는 환경인지 생각해 보아야 할 것이다.

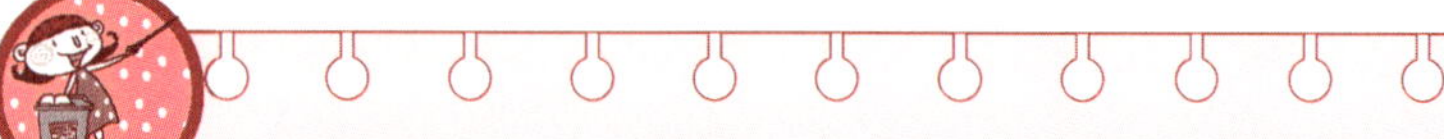

집중을 부르는 환경

어디서나 집중을 잘 하는 아이라면 문제없지만 그렇지 않은 경우라면 집중을 할 수 있는 환경을 만들어 주어야겠지요.

❶ 공부방의 환경을 바꾸자

집중을 하기 위해서는 안정적인 것이 좋습니다. 그러므로 요란한 색깔보다는 안정적인 느낌을 주는 연두색이나 초록색, 마음이 차분해져서 집중을 도와주는 하늘색이나 파랑색 계열을 택합니다. 생활하기에는 18~24도의 온도가 가장 적당하지만 이 환경은 졸음을 유발할 수 있으므로 여름에는 조금 덥게, 겨울에는 조금 춥게 하면 집중력을 높일 수 있습니다. 또 실내에 공기 정화에 좋은 식물이나 피톤치드가 나오는 식물을 두어 공기를 맑게 해 주는 것이 좋습니다.

❷ 음악을 들으며 공부하지 않는다

간혹 음악을 들어야 집중이 잘된다고 말하는 학생이 있습니다. 그건 그때의 기분에 의한 착각이지요. 만약 반드시 음악을 들으면서 공부를 해야겠다면 집중력을 높이는 클래식을 듣는 것이 좋습니다. 텔레비전을 보며 공부하지 않는 것도 이에 해당됩니다. 텔레비전을 켜 놓은 상태에서 단어를 암기하면 그 순간에는 단어가 잘 외워지는 것 같지만 실제 암기 시간과 비교하면 그렇지 않다는 것을 알 수 있습니다. 음악이면 음악, 공부면 공부 한 가지만 하는 것이 집중력을 높일 수 있답니다.

자기주도 학습으로 대학에 입학한 유진__
공부의 주인은 아이 자신

"엄마! 학원에 다니니까 더 공부가 안되는 것 같아!"

학원을 전혀 다니지 않아서인지 유진이는 학원 시스템에 적응하지 못하였다. 사실 유진이는 학원과 별로 인연과 없어서인지 중학교 3학년 때 처음 다니게 된 영어학원은 한 달 만에 문을 닫았고, 고등학교 들어가기 전에 받은 수학 과외는 선생님의 일본 유학으로 채 두 달을 채우지 못했으며, 그 후로도 종합반과 과외 등 몇 달을 더 사교육의 도움을 받아보려 했지만 오히려 내신 성적만 떨어졌을 뿐 별다른 효과를 보지 못했다.

사실 지금 돌이켜보면 남들처럼 학원비를 들이지 않고서도 대학에 합격해 주어 고마울 뿐이다. 이런 유진이가 꾸준히 한 것이 몇 가지 있다. 요즘에는 이런 형태의 학습을 자기주도 학습이라고 부르지만 유진이가 초등학생이었던 당시에는 개념조차 없었다.

우선 유진이는 누가 깨우지 않아도 6시면 눈을 떴다. 유진이가 처음부터 이렇게 일찍 일어난 것은 아니다. 초등학교 4학년까지는 보통 아이들과 같았다. 그런데 5학년에 올라가면서 아침에 일어나기 힘들어 하는 유진이에게 내일부터는 한 번만 깨우겠노라 미리 이야기 해 두었다. 그리고 다음날 유진이는 지각을 했다. 그랬더니 저녁에 잠들기 전 스스로 알람을 맞추고, 그 소리에 맞춰 일찍 눈을 떴다.

아침에 일찍 일어나니 시간에 여유가 생겼다. 그래서 아침마다 신문을 읽었다. 초등학교 때부터 읽던 어린이 신문과 중학생이 되면서 읽기 시작한 일간지를 아침에 훑어본다. 고등학생이 무슨 어린이신문이냐고 묻겠지만 어린이신문은 나름대로 재미와 신기한 것들을 많아서 신문 읽는 부담을 줄여 준다.

유진이가 이렇게 아침마다 신문을 읽으니 유경이와 민구도 자연스럽게 아침마다 신문을 읽었다. 신문에 실린 기사를 읽고 혼자 끄덕거리기도 하며, 내게 요약해 주기도 했다. 특히, 민구는 아침마다 신문에 실린 날씨를 확인하고 오늘 입을 옷을 챙긴다.

수능 고득점자들의 공부 방법 가운데 빠지지 않는 것이 신문 읽기이다. 신문은 어휘력과 정보력 향상에 많은 도움이 된다. 유진이가 '적성 시험'으로 수시에 합격한 것도 바로 신문을 통해 어휘력을 키우고 정보력을 넓혔기 때문이다.

유진이는 책도 많이 읽었다. 그러다보니 다른 친구들에 비해 아는 것이 많았다.

유진이는 최고, 일등을 목표로 하지는 않았지만 공부를 해야 하는 이유는 비교적 정확하게 알고 있다. 그래서인지 별 어려움 없이 대학에 입학할 수 있었다.

유진이는 내신 성적이 좋지는 않았지만 자신의 시간과 생활을 잘 관리하여 자기주도 학습을 할 수 있었다. 필자는 요즘 둘째에게 이런 말을 한다.

"공부를 잘 한다고 모두가 성공한 사람이 되는 것은 아니다. 자신을 잘 관리할 줄 아는 사람이 성공한다. 성공은 자신이 노력하지 않으면 절대 이룰 수 없다."

자기주도 학습에 관한 책을 소개합니다

이 책들은 부모 지침서로 나온 책들입니다. 저는 아이들에게 이런 부모 지침서를 보여 줍니다. 이러한 책들은 자녀의 습관을 나열하거나, 공부 방법을 잘 설명하고 있는데, 이것을 보여 줌으로써 스스로 깨우치도록 하고 있지요. 여러분도 자녀가 아주 어리지 않다면 함께 읽어 보세요.

자기주도 학습은 학생이 학습을 할 때 동기 주도 전략, 인지 주도 전략, 행동 주도 전략을 사용하면서 적극적으로 학습에 참여하는 것을 의미합니다. 이 책은 자기주도 학습의 3가지 전략을 민족사관고 학생 261명의 사례를 통해 파헤친 책입니다.

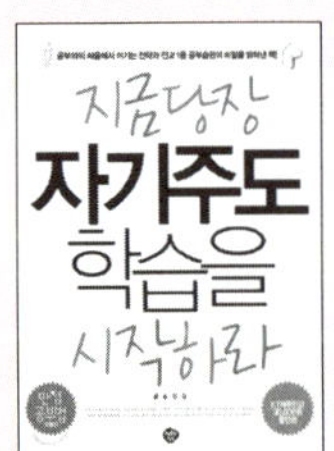

자기주도 학습이 대세지만 정작 학부모들은 자기주도 학습이 무엇이고, 언제 어떻게 시작해야 하는지 갈팡질팡하고 있지요. 이 책은 진정한 자기주도 학습의 의미와 자기주도 학습을 실현하기 위한 스스로 공부법, 학습 스케줄 관리 방법, 인성 교육을 강조하는 리더십, 경제 교육, 라이프 플래닝, 학습 동기 부여 등 저자의 경험과 노하우는 물론 다양한 커리큘럼을 소개하고 있습니다.

엄마는 학습지 선생님?__
스스로 공부가 진짜 공부

유진이가 꾸준히 한 것 중에 하나는 학습지였다. 학습지의 경우 학원과는 달리 선생님이 설명해 주는 시간이 과목당 5분이 채 되지 않고, 설명도 원리 이해보다 주제가 무엇이고, 어떻게 풀어야 하는지 등을 간단히 소개하는 데 그친다. 하지만 유진이는 그런 학습지를 꾸준히 했고, 일본어의 경우 고등학교 3학년까지 학습지를 하며 일본인과 간단한 대화가 될 정도 수준까지 익혔다.

그렇다면, 학습지는 어떻게 활용하는 것이 좋을까?

주변 사람들은, 자녀가 한꺼번에 하지 않도록 엄마가 학습지 관리를 꼼꼼히 해야 한다고 말한다. 하지만 엄마가 관리하는 습관을 들이다보면 자기주도 학습이 되기 어렵다.

필자는 학습지를 통해 전교 1등을 만들겠다는 목표보다는 공부하는 습관을 가지도록 하겠다는 목표를 세웠다. 그래서인지 아이들은 공부를 부담 없이 할 수 있게 되었다. 간혹 아이들이 학습지를 한꺼번에 하거나, 좀 못하고 지나가더라도 그냥 두었다. 대신 학습지 선생님께 혼나는 것도, 지난 주 분량을 못해 뒤처지는 것도 모두가 자신의 몫이라는 점은 분명히 했다.

"유진아! 네가 못했으니까 선생님께 혼나는 건 당연한 거야. 다음부터 혼나고 싶지 않다면 해 놓으면 되는 거야. 학습지를 하는 것은 네 일이야. 그러니까 스스로 해결하려고 노력해 봐."

"민구야! 이렇게 안 하고 계속 밀리면 학습지를 할 이유가 없어. 돈을 낸 만큼 효과를 보아야 하는 것은 아니지만, 네가 하지 않는데 계속 돈을 내고 학습지만 받을 필요는 없지. 그러니까 계속 밀리는 학습지를 오늘이라도 끊고 노는 일에만 전념하여 꿈을 포기할 것인지, 아님 지금이라도 미루지 않고 해서 네 꿈에 한 발 더 나아갈 것인지는 네가 정해."

이렇게 해서 민구와는 학습지를 미루지 않고 하기로 약속했고, 일주일 분량을 하루에 하던 습관이 있던 민구는 요즘 아침에 10~30분간 학습지를 한다. 지금도 어느 정도 분량은 못 하기도 하지만 이제 스스로 학습하는 습관을 들이고 있는 중이다.

내 자녀에 맞는 학습지 고르기

학습지는 가정으로 찾아오는 것만 있다고 생각했는데 여러 가지가 있더군요. 저희는 방문과 우편 두 가지를 해 보았는데, 결국 방문 한 가지로 통일하였답니다. 각 가정과 자녀 성향에 따라 학습지 고르는 유형이 다르므로 참고해 보세요.

❶ 온라인 학습지

아이의 낯가림이 심하거나, 엄마가 지도하기를 원할 때 적합한 학습지입니다. 이 경우 온라인으로 진행되므로 엄마의 관찰이 필요합니다.

❷ 방문 학습지

선생님이 찾아와 아이와 함께 학습을 하는 방법입니다. 과목별로 신청이 가능하다는 것이 장점입니다. 대부분 내 자녀를 가르치면 화부터 나기 때문에 이런 방문 학습지를 선택하게 되지요. 이때 주의할 것은 교사입니다. 교재의 수준은 대체로 비슷하기 때문에 어느 회사인지는 크게 중요하지 않지요. 다만 교사의 능력에 따라 아이가 잘못된 내용을 배울 수도 있으므로 주의해야 합니다.

❸ 우편으로 배달되는 학습지

방문 학습지와 같은 학습지가 우편으로 배달됩니다. 이 경우 자기주도 학습 습관이 형성되었거나 엄마와 함께 공부하는 것이 익숙한 아이들에게 권할 만합니다. 다만 자녀가 커가면서 엄마의 한계도 드러나게 되므로 이를 위한 대비책을 함께 고민해야 합니다.

애들이 많은 학원이 잘 가르친다?__
사교육의 선택

"엄마! 나는 학원 체질인가 봐!"

"왜?"

"집에서는 공부 안 하는데 학원가면 하잖아!"

자신을 학원 체질이라고 말하는 유경이는 초등학교 4학년 말부터 학원에 다니기 시작했다. 유경이가 언니보다 빨리 학원에 다니게 된 이유는 학원 시스템에 적응하지 못하는 언니의 사례를 본 부모로서 많이는 아니더라도 한 곳 정도는 꾸준히 보내야겠다는 생각 때문이었다. 그래서 유경이는 '왜 언니는 초등학교 때 학원에 하나도 보내지 않았으면서 나는 4학년부터 보내?'하고 항의하곤 했었다. 그러던 녀석이 이제는 자신의 입으로 학원 체질이라고 말하고 있다.

유경이는 현재 어학원과 공부방, 수학 학원 세 군데를 다니고 있다. 이처럼 많지 않은 학원을 다니고 있음에도 불구하고 유경이가 자신을 학원 체질이라고 말하는 것은 한 가지 이유에서이다. 집에서는 공부를 전혀 하지 않지만 그나마 학원에 가면 조금이나마 하고 오기 때문이다.

앞에서도 이야기 했었지만 유경이는 집중력이 좋다. 그렇다보니 학원 수업 역시 학교 수업과 마찬가지로 집중하여 듣는다. 문제 풀이 역시 집중하여 풀기 때문에 학교나 학원에서 거의 일등으로 해 치운다. 그래서인지 학교에서 배운 것을 학원에서 듣고 풀게 되는 경우, 학원에서 배운 것을 학교에서 다시 배우게 될 때 거의 잊지 않고 교과 학습에 바로 적용한다.

종종 친구들이 '너는 어느 학원 다니니?', '우리 엄마가 너 어디 다니는지 물어보래' 등의 이야기를 한다. 공부를 잘하는 아이들은 학원도 좋은 곳에 다니고, 또 여러 곳에 다닐 것이라는 선입견이 작용하기 때문이다. 수능 고득점자들이 "학원은 다니지 않았고요."라는 말을 할 때 대부분의 학생들이 "에이 거짓말, 대신 과외를 했겠지!"라고 말하는 것처럼 말이다.

유경이는 최근까지 영어와 수학 두 곳을 다녔다. 이 두 학원은 잘 가르치기로 소문나고 성적 잘 나오기로 소문난 학원이 아니라, 여러 학원을 찾아가 상담하고 실제 한 달 정도 다닌 후 자신에게 맞는지 아닌지를 체험한 후에 선택하였다. 유경이는 학원을 선행의 목적이 아니라 자신에게 부족한 것을 채우고, 심화하는 용도로 활용하고 있다. 그러다보니 학원의 선행 학습에 쫓겨 우왕좌왕하지 않고 학원 공부를 자신에 맞게 요리한다.

영어는 외교관이라는 꿈을 이루기 위해 얼마 전까지 어학원을 다녔는데, 거리도 멀고, 체력도 떨어져서 집 근처의 학원으로 옮겼다. 그 과정에서 어학원으로 다시 옮기고 싶었으나 필자가 사는 지역에서는 어학원을 다니는 중학생이 많지 않고, 특히, 유경이가 들어가야 할 레벨의 반이 제대로 형성되어 있지 않았다. 그래서 문법 학원 가운데 레벨별 수업이 가능한 곳을 택했고, 본인의 결정에 따라 외고 입시반에서 수업을 하고 있다.

어떤 이는 외고 입시반이라고 하면 선행이라 단정 짓기도 하지만 듣고 말하는 것이 최고인 유경이는 어휘나 문법에서는 딱 중학교 2학년 수준이다. 너무 빠르게 앞서 나가는 선행은 오히려 독이 될 수 있음을 알기 때문에 "국제고등학교나 외국어고등학교에 입학하려면 영어는 어디까지, 수학은 어디까지 선행되어 있어야 해."라는 말에 크게 신경 쓰지 않는다. 대신 지금 배우는 것은 놓치지 않으려고 노력하는 편이다.

수학은 중학교 1학년까지 학교의 정규 수업과 방과 후 수업을 병행하며 부족한 부분을 채웠는데, 응용 문제나 심화 문제가 어렵다면서 2학년 때부터 다니기를 원했다. 그래서 여러 학원을 알아보던 중 동네에서 가장 유명한 학원은 아예 제외하였다. 그 학원은 숙제가 너무 많아서 숙제를 하는 데 시간을 많이 빼앗길 것 같다는 판단에서였다. 그래서 인원이 적어 자신이 모르는 점을 바로바로 물어볼 수 있고, 첨삭 수업과 심화 학습을 할 수 있는 학원을 선택했다. 그래서 영어와는 다른 곳을 다녔다. 사람들이 "수학으로 더 유명한 학원에서 수학은 안 배우고, 왜 영어를 배우냐?"라고 물으면 유경이는 "저는 제가 모르는 것을 잘 가르쳐 주는 곳을 원하는데, 이 학원은 그렇지 않은 것 같아요. 저랑 안 맞으면 아무리 잘 가르쳐도 소용없어요."라고 대답한다.

유경이는 현재 수학 학원에 다니지 않는다. 학원에 들어온 신입생들 때문에 학원 분위기가 자신이 공부하는데 방해가 된다고 판단하였기 때문이다.

학원은 어디까지나 사교육이다. 사교육이란 공교육에서 할 수 없는 것이나 부족한 것을 보완하는 곳이다. 그런데 대부분의 부모들은 공교육보다 사교육을 더 신뢰하는 경향이 있다. 하지만 공교육과 사교육의 가르치는 방식은 매우 다르다는 것을 알아야 한다. 공교육은 학생들에게 원리와 이해를 강조하지만, 사교육은 풀이와 정답을 요구한다. 단순히 문제풀이만으로 본다면 사교육이 훨씬 더 빠르고 간단한 교육 방법이다. 하지만 우리 아이들이 늘 문제만 풀면서 사는 것이 아니며, 자신의 능력 개발이나 진로 등은 문제풀이로 해결되는 것이 아니기 때문에 원리와 이해가 바탕이 되지 않으면 앞으로 닥칠 여러 가지 문제를 스스로 해결해 나갈 수 없게 된다.

자녀를 학원에 맡기는 많은 엄마들은 아이들이 열심히 공부 할 것이라는 기대를 한다. 그럼 우리 아이들은 모두 한 등수, 한 등수 올려야 하며, 마침내는 모두 일등이어야 한다. 하지만 현실은 그렇지 않다. 학원에 1~2년을 다녔어도 외국인 앞에서 입도 열지 못하는가 하면, 수많은 문제를 풀었어도 숫자가 바뀌고 질문의 형태가 바뀌면 새로운 문제를 만난 듯 굳어버리는 친구들도 있다. 또 학원에서 배웠다는 이유로, 학교 수업을 소홀히 한다면 과연 학원을 보내는 것이 옳은 것일까?

우리 자녀들을 학원에 보내기 전에 아이가 학원 체질인지 아닌지를 고민해 보자. 또 필자의 딸인 유진이와 같이 자기주도 학습형인 아이를 무조건 학원으로 내몰고 있지는 않은지 생각해 보자.

만약 자녀가 학원 체질이라면 지금 내 자녀는 자신에게 필요한, 자신에 맞는, 자신을 성장시켜 줄 학원을 선택하여 다니고 있는지 생각해 보자.

한 배에서 태어난 자녀라 하더라도 공부 습관은 서로 다르다. 첫째에게 좋은 방법이 반드시 둘째에게도 좋은 것이 될 수 없으며, 첫째에게 효과를 보지 못했다고 해서 둘째에게도 좋지 않은 공부 방법이 되는 것은 아니다. 따라서 개개인에 맞는 공부 방법을 고민해야 한다.

학원의 레벨 테스트는 잊어라

학원을 알아보기 위해 이곳저곳을 다니면서 유경이는 많은 레벨 테스트를 받았습니다. 그런데 시험을 본 유경이의 반응은 "하나같이 배우지도 않은 것들에, 왜 그렇게 말들은 비비꼬아 놓았는지 어렵더라."는 것이었지요. 어찌 보면 실력이 모자란 유경이의 변명일 수 있지만 곰곰이 생각해 보면 학원의 상술이라는 것을 알 수 있습니다.

일단 문제는 어렵게 출제합니다. 그래야 엄마들로 하여 '우리 애가 공부를 잘하는 것이 아니었네!'하는 위기 의식을 갖게 할 수 있으니까요. 즉, 레벨 테스트는 학교 교육만으로는 대학교에 입학하기가 어려울 것이라 여기는 부모의 마음을 사로잡는 매우 강력한 무기라고 할 수 있지요.

만약 이런 문제에서도 좋은 성적을 냈다면 또 다른 포섭 대상이 됩니다. '자녀가 공부를 잘하니까 조금 더 해서 SKY를 준비해야 합니다.' 자녀가 잘한다는데 마다할 부모가 어디 있겠습니까! 거기에 조금만 더 하면 최고의 대학을 갈 수 있다는데 말이죠.

시험 기간에는 학원을 나가지 않는 유경을 보면서 걱정이 되어 학원 선생님께 물었더니 최상위층 아이들도 시험 기간에는 학원을 안 나온다는 말을 하시더군요. 유경이 성적이 떨어져서 고민이라고 했더니 학원 독서실에서 공부하라고 배려를 해 주시더군요. 자기주도 학습이 잘되어 있는 최상위층 아이들은 학원이 잡기 어렵지요. 그래서 공부를 잘하면서도 자기주도 학습이 되지 않은 아이들이 학원의 미끼가 됩니다. 내 자녀가 학원의 미끼가 되지 않고, 학원을 잘 이용하길 바란다면 엄마의 주관이 확실해야 합니다.

백화점식 일기를 쓰는 민구__
학습일기의 활용법

“엄마 오늘 일기에 뭐 쓰지?”

“아니. 왜 네 일기를 내게 묻는 거야?”

“뭘 써야 할지 모르겠어!”

엄마는 대수롭지 않게 쓰기를 강요하고, 아이들은 쓸거리가 없어 고민하는 글쓰기 숙제가 바로 일기이다.

학교가 학생들에게 일기를 쓰게 하는 이유는 ‘글쓰기의 생활화와 글쓰기 능력 향상’에 있다. 일기는 제목 그대로 하루의 기록이니 매일 꾸준히 조금씩 쓰다보면 글쓰기 실력도 늘고, 사고력도 향상된다. 그래서 선생님들께서 학생들에게 일기 쓰기를 권한다. 하지만 아이들은 여러 가지 이유로 일기 쓰기를 부담스러워하며 귀찮은 글쓰기 정도로 생각한다.

　　하지만 민구의 일기장은 조금 색다르다. 매일 반복되는 똑같은 하루하루의 나열도 없고, 부끄러운 반성문 형태의 글도 드물며, 남이 볼까 걱정해야 하는 그런 글도 없다. 그렇다고 민구의 생활이 담겨 있는 것도 아니다.

글을 가까이 하도록 돕는 학습일기가 최근 초등학교 엄마들 사이에서 새삼스레 관심을 모으고 있는 가운데, 어린이들이 자신이 쓴 영어와 과학·체험학습일기들을 자랑하고 있다. 사진 왼쪽부터 이종흔, 이은서, 정민구군.(소년 한국 일보, .2010. 03. 08)

　　민구는 바이올린·피아노와 같은 음악을 소재로, 자신이 직접 만들어 본 요리를 소재로, 실험이나 책을 통해 얻은 과학을 소재로, 신문에서 읽은 뉴스를 소재로 일기를 쓴다. 이 밖에도 수학 일기, 영어 일기, 영화 일기, 체험 일기 등 다양한 형태의 일기를 쓴다.

　　이것이 민구를 스타로 만든 백화점식 학습일기이다.

　　민구에게 이렇게 일기 써 보도록 제안한 것은 필자였다. 나는 아이들이 일기를 친근하게 여기기를 바랐다. 그래서 큰 아이부터 써 오던 학습일기를 민구에게 제시했고, 민구는 생각

민구가 쓴 백화점식 합습 일기

보다 잘 따라 주었다. 처음에는 민구도 자신의 일기인데도 나에게 무엇을 써야 하는지 물었다. 그럴 때마다 필자는 요일별로 어떤 것을 배우는지 고려하여 주제를 정해 주었고, 그것이 습관화가 되어 이제는 자신이 주제를 잡아 일기를 쓴다.

이렇게 써 온 일기는 글쓰기에 많은 영향을 미쳤다. 중이 제 머리 못 깎는다고 다른 아이들의 글쓰기 교육은 열심히 지도하면서 정작 필자의 세 자녀에게는 교육시키지 못했다. 하지만 학습일기를 통해 글쓰기를 익혔고, 여러 대회에 나가 상을 받는 등 글쓰기 실력을 발휘하였다.

유진이는 초등학교 때부터 썼던 일기장을 지금도 가지고 있다. 가끔 자신의 일기를 동화나 소설처럼 읽기도 한다. 그러면서 자신이 쓴 글을 감상하며 평가하기도 한다. 이런 과정을 통해 글 쓰기 실력을 향상시켰고, 일기에 담긴 내용을 학교 숙제 자료로 이용하기도 했다. 수행 평가 과제로 긴 글을 써야 했던 유진이가 나의 도움 없이 스스로 해결할 수 있었던 비결도 이런 훈련 때문이었다.

유경이는 학습일기를 쓰면서 메모하고 정리하는 습관을 길렀다. 영어와 수학 학원만 다니는 유경이는 방학 동안 교육 방송을 통해 다음 학기에 배울 것을 미리 공부하였는데, 이때 방송을 통해 배운 것을 참고서로 다시 확인하고, 이를 일기에 요약, 정리하는 형태로 공부를 하였다. 이렇게 하다 보니 글을 정리하여 쓰는 능력도 자연스럽게 길러졌다.

초등 공부 습관을 길러 주는 학습일기 만점 공부법을 소개합니다.

2009년 12월 25일에 출간된 필자의 첫 책입니다. 이 책에 실린 서평을 통해 책의 특징을 살펴보세요.

_ 누구나 일기를 잘 쓸 수 있다는 희망을 주는 책입니다. 선생님이 아이에게 알려 주는 형식이어서 엄마들도 쉽게 따라할 수 있네요. 뿐만 아니라 '직접해 보자' 코너를 통해 아이가 직접 활동지까지 작성할 수 있으니 성과 또한 크지요. 〈대구시 양경록님〉

_ 선생님들이 교실에서 활용해도 될 만합니다. 첫째마당이 만화로 되어 있는 것이 무엇보다 반갑습니다. 일기 쓰기에 대한 이론을 어떻게 만화로 풀 수 있었을까 하고 내심 감탄했으니까요. 이렇게 책이 재미있다면 어떤 아이들이 책 읽는 것을 싫어하겠습니까? 〈이경화 천안 구성 초등학교 선생님〉

_ 과제로서의 일기에서 포트폴리오서의 일기로 고정관념을 바꾼 책 방학이 끝난 후 아이들의 일기를 거두어 살펴보면 열에 일곱은 똑같은 글씨체에 똑같은 내용 일색이지요. 쓰기 싫지만 억지로 쓴 흔적이 역력합니다. 이 책은 일기에 대한 새로운 정의와 방법을 제시해 주고 있습니다. 일기를 쓰는 아이들뿐만 아니라 학부모님, 그리고 교육현장에 몸담고 있는 선생님들께도 좋은 지침서가 될 거라 믿습니다.
〈배혜은 서울 관악초등학교 선생님〉

오 마이 갓! 굴뚝이 첨성대라고?__
살아 있는 공부, 죽어 있는 공부

"엄마! 저게 첨성대야?"

초등학교 1학년이던 유진이가 에버랜드로 향하던 길에 본 열병합 발전소의 거대한 굴뚝을 보며 내게 물었다.

"오 마이 갓!"

나와 남편은 이 황당한 물음에 지금까지의 휴가 형태를 바꾸기로 결심했다. 당시 삼성전자에 근무하던 남편 덕에 그동안의 여름휴가는 설악 삼성 콘도 아니면 오색 약수 콘도에서 푹 쉬다 오는 것이 전부였던 우리 부부는 이 일을 계기로, 아이를 데리고 전국 방방곡곡을 돌아다니게 되었다. 그렇게 해서 처음 간 여행지는 당연 경주였다. 첨성대를 확인시켜 주기 위해서였다. 첨성대를 본 아이는 '뭐야! 저렇게 작아?'라며, 책에서 본 첨성대와 차이가 있다는 사실 때문에 실망을 하는 듯했다.

이렇게 시작된 전국 여행은 유관순, 김정희 등 어디선가 들어보았을 법한 이의 집을 방문하고 둘러보는 것에서부터 경복궁, 창덕궁과 같은 거대한 궁궐, 지역 특산물이 모인 작은 전시관, 세계의 진귀한 것들을 모아놓은 대형 박물관에 이르기까지 많은 곳을 체험하게 되었다.

어느 날 유진이가 신나는 표정으로 문을 열고 들어왔다.
"오늘따라 유진이의 기분이 좋은 이유가 뭘까?"
"오늘 사회책에 김대건 신부에 대한 이야기가 나왔는데, 선생님이 김대건 신부에 대해 잘 알고 있다면서 칭찬해 주셨어."
사회 교과에 김대건 신부에 관한 이야기가 나오면서 생가 터인 솔뫼 성지가 나왔는데, 그곳을 다녀온 유진이가 자랑하듯 다녀온 이야기를 했고, 선생님께서 칭찬해 주셨던 모양이었다.
"엄마! 내가 아는 얘기가 나오니까 사회가 재미있어."
이 일은 그동안 사회를 싫어하던 유진이가 사회를 재미있어 하게 된 계기가 되었다. 유진이는 이 일을 시작으로 점점 사고의 폭을 넓힐 수 있게 되었다. 당시에는 김대건 신부와 솔뫼 성지에 관해 익혔지만 그것을 시작으로 천주교에 대한 박해를 이해하게 된 것이다.
체험학습을 하라고 하면, 엄마가 잘 모르기 때문에 또는 데려가도 설명할 수가 없어서 안 간다고 한다. 이런 경우 엄마가 일일이 설명해 주어야 한다는 강박 관념은 버려야 한다. 박물관 등에는 전시품을 소개하는 푯말이 있고, 또 나보다 더 자세히 알려 줄 해설사도 있다. 만약 그런 푯말이 없는 곳에 갔다면 그냥 잡다한 이야기를 나누어도 좋다. 단순하게 눈앞에 펼쳐진 것에 대해 이런 저런 이야기를 나눈 후 집으로 돌아와서 그에 대해 찾아보고 조사해 보면 된다. 이럴 경우 보이는 것에 대해 잡다한 이야기라도 나눈 경우와 그렇지 않은 경우는 기억에 있어 차이가 난다.

그러므로 아이들이 조금 더 오래 기억하도록 학습 효과를 내고 싶다면 눈에 보이는 것에 대해 어떤 이야기라도 나누는 것이 좋다. 만약 시간적 여유가 된다면 갈 곳에 대해 미리 조사하고 가는 것도 좋다. 이 경우 부모만 몰래 알고 가는 것도 좋고, 자녀와 함께 조사한 후에 떠나는 것도 좋다. 나름대로 엄마가 박사로 비치기도 하고, 자녀와 이야기를 나누면서 둘러볼 수 있어서 좋다.

체험한 것에 대해서는 기록해 두는 것이 좋다. 모아 둔 팸플릿과 지도, 그리고 사진과 글을 담아 근사한 책을 만들 수도 있고, 지도에 포스트잇과 사진을 붙여 짧은 글 정도로 남길 수도 있으며, 학습일기에 남길 수도 있다. 어떤 형태로든 기록해 두면 체험한 것을 더 오래 기억하게 된다.

어떤 사람은 체험을 기록으로 남기게 하면 부담스러워서 여행의 재미를 반감시킨다고 한다. 하지만 기록하지 않으면 되새김질할 시간이 없으므로 추억을 내 것으로 만들지 못한다.

체험의 중요성

우리가 하는 대부분의 공부는 글을 통해 이루어집니다. 즉 글 속에 담긴 내용을 통해 현상을 이해하게 되는 것입니다. 공부가 지루하고 재미없게 느껴지는 것은 바로 이 때문입니다. 하지만 체험은 학습을 직접적으로 연계시켜 주는 역할을 합니다. '백문불여일견'이라는 말이 있듯이 글을 아무리 열심히 읽어도 이해되지 않는 것을 눈으로 봄으로써 쉽게 인지할 수 있게 되고 더 오랫동안 기억되도록 만들어 주는 것입니다. 체험학습은 아이들의 공부를 더욱 쉽게 해 주기도 하고, 학교에서 배운 것을 생활에 활용하도록 하는 장점이 있습니다.

많은 분들이 체험학습을 하려면 돈이 많이 든다고 말씀하십니다. 체험도 학습의 일부분이라고 생각한다면 학원비 만큼의 투자가 있어야 하는 것은 당연한 것입니다. 어떤 사람은 필자에게 "놀러 다닐 돈으로 애 공부 하나라도 더 시키는 것이 어떠냐?"라고 말합니다. 하지만 이는 체험의 중요성을 알지 못하기 때문에 하는 말입니다. 체험을 학습으로 보지 않고 단순히 노는 개념으로 다가가기 때문입니다. 산 경험이란 말이 있듯이 직접적인 경험 만큼 인생에 도움이 되는 것은 없습니다.

2

멘토맘이 알려주는
초등 과목별
만점 공부법 42

공부의 최대 적은 게으른 습관이다.

초등학교는 교과서가 공부의 기본

이제는 초등 3학년이다___
어려워진 공부

초등학교 과정 6년 중에서 가장 중요한 시기는 언제일까? 어떤 사람은 5학년 때 배우는 교과를 잡아야 평생 교육이 잡힌다고 말하고, 어떤 사람은 4학년 교육과정이 전체 교육과정 가운데 가장 중요하기 때문에 4학년을 놓치면 앞으로의 공부가 힘들다고 말한다. 과연 어떤 말이 맞는 것일까?

지금까지의 교육과정으로는 초등학교 4학년이 가장 중요한 시기였다. 공부가 점점 어려워지기 시작하고, 공부에 대한 부담도 늘어나며, 다녀야 할 학원이 하나둘씩 늘어나기 시작하는 시기가 바로 4학년 때이다. 아울러 국제중학교 진학을 목표로 하는 친구들이 하나둘씩 준비를 시작하는 시기이기도 하다. 국제중학교 입학 전형은 학교마다 조금씩 다르지만 학업 성적은 초등학교 5학년부터 반영된다. 초등학교 5학년부터 반영된다고 하면 많은 학생들이 "5학년 때 열심히 하면 되지."라고 생각할지 모르겠지만 초등학교 5학년이 되었다고 해서 어느 날 갑자기 성적이 오르는 것이 아니기 때문에 초등학교 4학년 때 기초를 잘 닦아 두어야 좋은 성적을 받을 수 있다. 따라서 초등학교 5학년 때 시작하는 것은 조금 늦은 감이 있다.

그럼 현재 초등학교 교육에서도 4학년 과정이 가장 중요할까? 2009년에 교육과정이 새로 개정되면서 많은 것이 변했다. 2009년 교육과정 개정은 초등학교 1학년부터 고등학교 1학년까지 총 10년의 국민공통교육과정을 초등학교 1학년부터 중학교 3학년까지 총 9년으로 줄였고, 고등학교 3년을 선택 과정으로 편성하여 자율화, 다양화, 특성화하였다.

이렇게 10년의 국민공통교육과정을 9년으로 축소하다보니 교육 내용도 학년 간 이동을 하게 되었다. 우선 고등학교 1학년의 기본 교육과정이 중학교 3학년으로 내려왔다. 그러다보니 기본 교육과정의 일부 내용들이 아래 학년으로 이동하게 되고, 자연스럽게 초등학교 교육과정이 더욱 어려워지게 되었다.

통합 교과로 학습하는 기초 과정을 마치고 새로운 교재로 학습하는 초등학교 3학년이 중학교 때까지 기본 교육과정을 이수하는 데 있어서 가장 핵심이 되었다. 이것이 바로 초등학교 3학년 공부를 잡아야 하는 이유이다.

공교육의 기초! 초등학교 3학년이 중요한 이유

가끔 "아직 3학년인데 무슨 공부를 벌써부터 시켜?"라고 말하는 사람들이 있습니다. 사실 저도 평생 해야 하는 것이 공부인데 벌써부터 공부에 질리면 안되니 쉬엄쉬엄 시키자는 생각을 가지고 있었지요. 하지만 큰아이의 4학년 담임선생님의 이야기를 듣고 '아! 이게 아니구나!'하는 생각을 하게 되었습니다.

그동안 초등학교 3학년 교과서가 쉬웠지만 최근 교과서가 개정되면서 아이들이 배워야 하는 과목의 수도 늘어나고, 내용도 넓고 깊어집니다.

가장 큰 변화를 보인 것이 과학, 사회, 수학입니다. 그동안 단순한 답을 찾는 공부를 했다면 이제는 '왜, 어떻게, 무슨 방법으로' 답을 찾았는지 과정을 묻는 교육이 강화되었습니다. 그러니 어릴 때부터 따라잡지 않으면 그것들을 바탕으로 한 다음 학년의 공부가 결코 쉽지는 않겠지요!

아이들이 어리다고 공부는 천천히 해야 하는 것쯤으로 생각해서는 안됩니다. 공부는 차곡차곡 적립해야 다음 학년이 힘들지 않습니다. 대부분 4학년이 어렵다고 하는데 그것은 3학년을 놓쳤기 때문에 하는 말이지요! 그렇다고 어릴 때부터 학원이나 공부방을 보내라는 이야기는 아닙니다. 다만, 초등학교 3학년 때부터 공부의 기초를 탄탄히 해야 한다는 것입니다.

국어는 교과서 정리부터__
생각그물

우리 아이들이 공부하는 교과서에는 어떤 내용들이 실려 있을까? 필자가 아는 어떤 선생님은 새 학기가 시작된 후 일주일 동안 교과서와 스케치북, 그리고 여러 가지 색깔의 다양한 펜만으로 수업하신다. 도대체 어떤 수업이기에 스케치북에 기록을 할까?

"여러분! 생각그물 알지요?"

"예, 배웠어요."

"오늘부터 일주일 동안 생각그물 그리기를 할 거예요."

"와! 일주일 동안 생각그물만 그린데."

"에이. 그거 재미없는데."

아이들은 다양한 반응을 보인다.

"자, 그럼 국어부터 출발해 볼까요?"

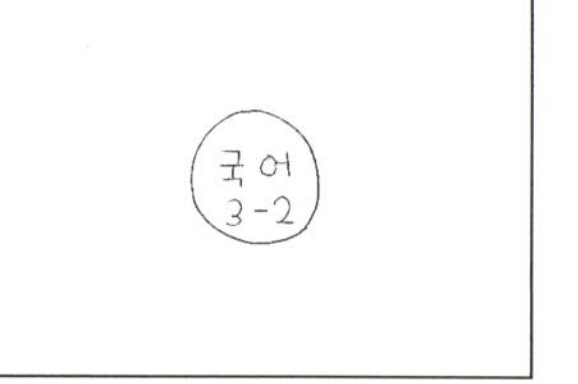

그런 다음, 칠판 한 가운데 동그라미를 그리고 '국어 3-2'라고 쓴다.

"여러분, 책을 펴고 목차를 보세요. 전체 몇 단원으로 구성되어 있지요?"

"일곱 개 단원이요."

선생님은 '주가지'라고 부르는 줄을 그으며, 칠판에 아이들이 부른 것을 받아 적는다.

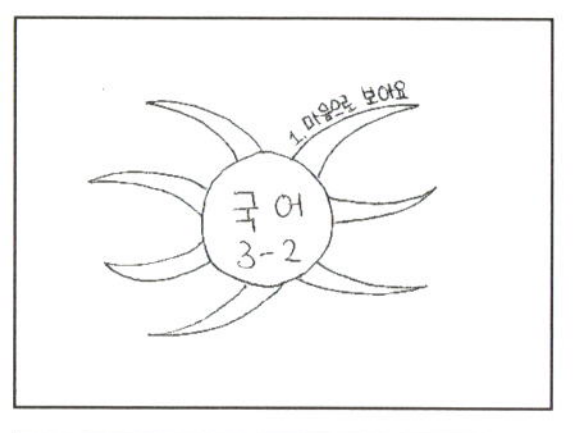

"자, 그럼 1단원은?"

"'마음으로 보아요.'예요."

이렇게 일곱 개의 '주가지'를 모두 그린다.

"자, 이제 교과서 속으로 들어가 볼까요? 듣기·말하기에서는 어떤 것을 배우게 될까요? 학습 목표를 보면 알 수 있어요."

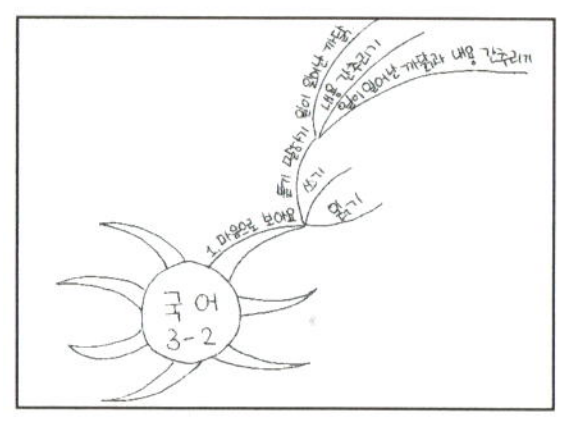

선생님은 '부가지'를 그린 다음, 아이들이 부르는 내용을 받아 쓴다. 이런 방법으로 선생님은 아이들과 함께 한 학기동안 배우게 될 국어를 정리를 한다.

"우리는 1단원을 공부하면서 '소가 된 게으름뱅이'를 만나게 돼요. 그런데 이 내용은 책에 없지요. 그러니까 어떻게 해야 할까요?"

“미리 읽어요.”

“그래요. 선생님과 이렇게 생각그물을 그리면서 우리 친구들
이 어떤 책을 미리 읽어 두어야 하는지도 확인하는 거예요.”

선생님은 생각그물을 그리면서 아이들이 미리 읽어 두어야 할
책들도 함께 이야기한다. 이렇게 일주일 동안, 한 학기에 배울 모
든 과목을 생각그물로 그린다.

생각그물을 그려요

한 과목의 내용을 한 장의 종이에 그리기 위해서는 몇 가지 조건이 필요합니다.

❶ 거실 한 가운데 깔기 위한 큰 종이를 준비한다

한 과목을 한 장의 종이에 그리기 위해서는 커다란 종이가 필요합니다. 전지 크기의 종이가 얇아서 찢어질 염려가 있다면 두껍고 질긴 소포지를 활용해도 좋습니다. 전지 종이는 크기가 크므로 거실 한 가운데 깔아놓고 작업하는 것이 좋습니다.

❷ 시간을 두고 작업한다

한 번에 한 과목을 모두 끝내기에는 교과의 범위도 넓고 분량도 많습니다. 무리하게 방대한 시간을 투자하여 한 번에 한 과목을 끝내려고 하면 자세하게 살펴보기도 힘들고, 다음 과목으로 넘어가기도 힘듭니다. 그러므로 시간을 두고 조금씩 나누어 작업해야 합니다.

방학 동안 다음 학기에 배울 교과를 생각그물로 그리는 것이 가장 좋지만 학기 중이라면 매일 조금씩 나누어 그리거나 학교에 가지 않는 토요일을 활용해 보세요.

❸ 모든 과목을 생각그물로 정리한다

생각그물은 국어나 사회를 정리할 때 가장 좋지만 모든 과목을 생각그물로 나타낼 수 있습니다. 다만 국어, 사회, 과학, 영어, 수학순으로 그리면 책의 목록이나 구성 방식이 생각그물을 그리기에 적당한 과목부터 표현하기 어려운 과목으로 넘어가게 되기 때문에 훨씬 수월하게 작업할 수 있습니다.

영어는 아이에게 맞는 학원을 찾자__
과목별 학원 가이드

"민구 엄마! 민구는 어느 학원에 다녀?"

주변의 엄마들이 종종 묻는 말이다. 민구는 방과 후 바이올린, 방과 후 영어, 방과 후 로봇, 방과 후 컴퓨터, 방과 후 생명과학, 피아노, 검도, 학습지를 한다. 이 중에서 학교 공부와 직접적으로 연결된 것은 집에서 하는 학습지 하나이다. 개수로만 보면 굉장히 많은 것을 하고 있는 것 같지만 영어를 제외하면 공부라기보다 일주일에 한두 번 가는 취미 활동에 가깝다.

"유경아! 우리 엄마가 너 어느 학원 다니는지 물어 보래."

전교에서 열 손가락 안에 꼽히는 유경이 역시 친구 엄마들의 관심 대상이다.

앞에서도 언급했듯이 유경이는 초등학교 4학년 때부터 회화 학원에 다니기 시작했고, 중학교 2학년이 되면서 수학 학원을 다녔다. 유경이는 여러 학원을 방문하여 테스트를 받고, 상담하는 등의 과정을 거친 후 한 달 정도 체험하고 최종 결정을 했다.

대부분의 아이들과 부모들은 일단 무조건 학원을 다녀야 한다고 생각한다. 그래서 초등학교에 입학하기도 전에 동네에서 소문난 학원에 보내 선행 학습을 시킨다.

그런데 필자의 생각은 다르다. 오전 내내 학교에서 공부하는데 오후에 학원에서 비슷한 것을 또 배워야 하니 얼마나 비효율적인가! 그러다보니 학원에서 공부하고 학교에서 잠을 자는 이상한 현상이 벌어지는 것이다. 상황이 이렇다보니 학교 공부가 재미없을 뿐만 아니라 선생님 말씀이 귀에 들어오지 않고, 성적이 오르지 않는 것이다. 하지만 부모들은 아이들에게 무조건 열심히 하라고 다그친다.

만약 학원을 꼭 보내야 한다면 공부방이나 전 과목을 지도하는 학원보다는 내 자녀에게 필요한 과목을 보충할 수 있는 곳을 선택하는 것이 좋다.

학원을 선택하는 데 있어서도 내 자녀에게 맞는 곳인지 아닌지, 부족한 것을 해결해 줄 수 있는 시스템이 갖추어진 곳인지 아닌지를 먼저 확인해 보아야 한다. 특히, 영어의 경우 레벨별로 수업이 이루어지는지, 수학은 선행 학습이 목적인지, 아니면 내신 향상이 목적인지를 곰곰이 따져본 후에 결정해야 한다.

무조건 공부를 잘하는 친구가 다닌다는 이유로, 또는 학원의 선생님이 유명하다는 이유로 학원을 선택하는 것은 내 자녀에게 결코 도움이 되지 않는다.

과목별 학원 가이드

국어 국어만을 지도하는 학원은 아쉽게도 없습니다. 다만, 국어 성적을 올리려면 이해력을 높이는 교육을 해야 하는데, 그러기 위해서는 글쓰기나 논술 등의 수업이 도움이 됩니다.

영어 회화와 문법 중심의 학원으로 분류해 볼 수 있습니다. 이때 초등학생이라면 회화를 중심으로 학습하고, 중학교 2학년 학생이라면 문법 중심으로 옮겨 가는 것이 좋습니다. 이때 자신의 수준에 맞는 레벨별로 반이 구성되어 있는지를 확인하는 것이 중요합니다. 몇몇 친구들은 수준보다 한 단계 낮은 수업에 들어가는데, 이 경우 쉽게 이해할 수 있어 공부가 재미있어진다는 장점과 실력 향상이 더딜 수 있다는 단점이 있음을 알고 어떤 것을 더 우선시할 것인지를 살펴보아야 합니다.

수학 학원을 통해 기본을 다지기 원하는지, 심화된 학습을 원하는지, 일대일로 설명을 듣기 원하는지, 과제는 어느 정도 주어지는 것이 좋은지 등을 고려하여 결정하도록 합니다.

과학 와이즈만과 같은 과학 학원에서는 학년별 내용을 실험을 통해 가르치고 있습니다. 중학생의 경우 3년 과정을 짧은 시간에 훑어 주는 단기 교육도 이루어지고 있으므로 잘 활용해 보세요.

수학은 방학을 이용하자__
복습과 선행의 기회

유경이는 방학 동안 수학 선행을 한다. 선행이라고 해서 고등학교 과정까지 공부한다는 것이 아니라 다음 학기에 배울 것을 미리 훑어보는 예습 정도이다. 이렇게 선행하면 한 학기 수업이 편안해진다.

1. 지난 학기에 배운 수학을 훑어본다

모르는 것이 있다면 자습서나 학원 등을 통해 개념을 잡아야 한다. 처음에는 '이것 쯤이야.'하고 지나가도 특별히 문제가 되지는 않지만 '티끌 모아 태산'이라는 말이 있듯이, 이런 것들이 하나둘씩 쌓이게 되면 어느 순간 커다란 벽이 앞을 가로막게 된다. 설사 1학기 학습이 잘되어 있다고 하더라도 반드시 짚고 넘어가자. 단, 어느 정도 학습이 되어 있다면 오랜 시간 공을 들일 필요는 없다.

2. 본격적으로 선행을 시작한다

선행은 말 그대로 아직 배우지 않은 것을 미리 학습하는 것을 말한다. 따라서 개념을 이해하는 데 중점을 두어야 한다. 개념을 모르면서 문제 풀이를 할 수는 없기 때문이다.

선행을 방학에 하라고 권하는 이유는 '시간'때문이다. 학교 다닐 때보다 시간적 여유가 있기 때문에 학원에 의존하기보다 자기 주도 학습 습관을 들이기가 좋다. 이렇게 공부한 내용은 쉽게 잊어버리지 않기 때문에 선행의 효과는 배가 된다.

학원을 통해 선행을 하고 있는 경우도 마찬가지이다. 이미 학원 수업을 통해 선행을 했더라도 다시 돌아볼 필요가 있다. 대부분의 아이들이 학원에서 진도는 나갔지만 학교 시험을 볼 때 혼자 풀지 못하는 경우가 종종 있다. 그러므로 다음 학기에 배울 부분에 대해 다시 짚어보는 선행을 해 두어야 한다.

방학이 길고 시간도 많은 것 같지만 이것저것 필요한 것들을 하다보면 꼭 그렇지 않다는 것을 경험하게 된다. 그래서 방학 동안 무리한 계획을 세우면 어느 것 하나 제대로 끝낼 수 없게 된다. 먼저 이번 방학 때의 목표를 정하고, 목표를 달성하기 위해 노력하는 자세가 필요하다.

이번 방학 때 해야 할 것

여러분은 자녀의 방학을 어떻게 계획하시나요? 필자는 방학이 다가와 아이들이 방학 계획서를 제출할 때쯤에 아이와 함께 방학을 설계합니다. 학교의 공통 과제를 확인하고, 개별 과제는 어떤 것을 선택할 것인지, 그리고 방학 동안 중점적으로 해야 할 특별한 것 한 가지를 정하지요.

예를 들어 어느 해 겨울에는 유경이의 꿈을 확고히 다지는 방학으로 정하고 외교관과 관련된 서적을 왕창 선물했습니다. 또 어느 해 여름에는 온 가족이 나들이를 하며 배우는 기간으로 잡았습니다. 그래서 휴가는 물론이고, 토요일과 일요일을 이용해서 주변의 놀거리, 볼거리 등을 찾아다녔고, 유진이는 방학 동안 혼자서 논술을 익히기도 했습니다. 필자의 조카는 자기주도 학습을 훈련하기 위해 15박 16일의 캠프에 참여하기도 했습니다.

올해 방학에는 '수학 만점 공부법'을 활용하여 수학의 개념을 잡아 볼 생각입니다. 아울러 방학 동안 학습한 내용은 학습일기에 담을 예정입니다. 여러분도 아이들과 함께 이번 방학에 무엇을 할 것인지를 정해 보세요.

사회는 네모난 표로 정리하자__
한눈에 볼 수 있는 표

사회 교과는 경제, 역사, 문화 등의 다양한 것들을 담고 있기 때문에 복잡하고 어렵게 느껴진다. 따라서 이를 표로 정리하면 생각보다 쉽게 내용을 이해할 수 있다.

우선 한 페이지에 제재 하나를 정리하여 넣을 수 있는 종이를 준비한다.

단원	제재	제재별 주요 내용
단원명을 적는다.	제재 1을 담는다.	제재 1의 첫 번째 소제목을 적고 내용을 정리한다.
		제재 1의 두 번째 소제목을 적고 내용을 정리한다.
		제재 1의 세 번째 소제목을 적고 내용을 정리한다.
	제재 2를 담는다.	비워둔다.
	제재 3을 담는다.	비워둔다.
	제재 4를 담는다.	비워둔다.

제재 1을 정리하였다면 다른 종이에 제재 2를 정리한다.

단원	제재	제재별 주요 내용
단원명을 적는다.	제재 1을 담는다.	비워둔다.
	제재 2를 담는다.	제재 2의 첫 번째 소제목을 적고 내용을 정리한다.
		제재 2의 두 번째 소제목을 적고 내용을 정리한다.
		제재 2의 세 번째 소제목을 적고 내용을 정리한다.
		제재 2의 네 번째 소제목을 적고 내용을 정리한다.
		제재 2의 다섯 번째 소제목을 적고 내용을 정리한다.
	제재 3을 담는다.	비워둔다.
	제재 4를 담는다.	비워둔다.

3학년 2학기 사회 교과서를 예로 들어 보자.

단원	제재	제재별 주요 내용
1. 고장 생활의 중심지	(1) 생활에 필요한 것	① 생활에 필요한 것 – 내용도 정리하여 함께 담는다.
		② 필요한 것을 구하기 위해 가는 곳 – 내용도 정리하여 함께 담는다.
		③ 생활에 필요한 것을 구하기 위한 노력 – 내용도 정리하여 함께 담는다.
	(2) 사람들이 모이는 곳	
	(3) 우리 고장과 이웃 고장	
	(4) 고장의 중심지 답사	

단원	제재	제재별 주요 내용
1. 고장 생활의 중심지	(1) 생활에 필요한 것	
	(2) 사람들이 모이는 곳	① 중심지 – 내용도 정리하여 함께 담는다.
		② 경제 중심지 – 내용도 정리하여 함께 담는다.
		③ 교통 중심지 – 내용도 정리하여 함께 담는다.
		④ 교육 및 행정 중심지 – 내용도 정리하여 함께 담는다.
		⑤ 여가 및 문화 생활 중심지 – 내용도 정리하여 함께 담는다.
	(3) 우리 고장과 이웃 고장	
	(4) 고장의 중심지 답사	

필자는 문화 센터에서 아이들에게 사회 미리 보기를 지도하고 있다. 아이들에게 교과서의 내용을 50분 동안 훑어 주기란 쉽지가 않다. 그래서 고민 끝에 생각해 낸 방법이 이것이다. 이렇게 하니 교과서의 내용이 쉽게 정리되었다. 오늘 저녁에 당장 아이들과 함께 정리해 보자.

효과적인 정리 방법

사회는 학년별로 배워야 하는 주제나 제재가 확실하게 구분되는 과목입니다. 따라서 표로 정리하면 더 쉽게 내용을 파악할 수 있습니다.

표는 손으로 직접 정리할 수도 있지만 한 권의 내용을 모두 넣으려면 종이도 많이 필요하고 쓸 내용도 많아져서 힘이 듭니다. 이럴 때에는 컴퓨터를 활용합니다. 그러기 위해서는 한글이나 엑셀 등을 어느 정도 다룰 수 있어야 합니다.

그리고 정리한 것을 출력하여 공부할 때 참고합니다. 이때 제재의 빈 공간에 그림을 붙이면 더욱 이해가 쉽고 한눈에 알아보기 좋습니다. 출력한 그림을 붙여도 좋고, 지난 참고서를 활용해도 좋습니다.

이렇게 직접 표를 그리고 내용을 작성하는 연습을 하다 보면 교과서 속에서 표로 제공되는 것들을 보다 쉽게 이해할 수 있게 되고, 반대로 표로 정리된 것을 글로 풀어놓는 응용력도 기대할 수 있답니다.

과학은 인터넷 강의를 활용하자__
인터넷 강의 선택 요령

방학 동안 둘째에게 다음 학기 선행을 시켜야겠다는 생각을 했다. 이것저것 알아보았는데 학원을 줄줄이 보낼 수도 없고, 그렇다고 내가 붙들고 일일이 가르칠 능력도 안되어 고민을 하고 있었다. 그래서 내린 결론이 인터넷 강의였다.

대부분의 아이들은 컴퓨터 앉아 인터넷 강의를 듣다가 다른 곳에 신경을 쓰게된다. 인터넷 강의를 하라고 해 놓고, 이러쿵 저러쿵 혼내기가 싫어서 큰 아이에게는 한 번도 인터넷 강의를 권하지 않았다. 하지만 거실 텔레비전이 인터넷과 연결되면서 둘째에게 인터넷 강의를 시키기로 마음먹었다.

우선 교육 방송(EBS), 수박씨, 1318 등 인터넷 강의가 이루어지는 여러 곳을 방문했다. 방학 특강으로 국어, 수학, 사회, 과학을 한데 묶어 강의를 하고 있었는데 그곳에서 가장 비교하기 쉬운 국어와 사회 샘플 강의를 들었다. 샘플을 듣다 보니 한 사람의 강사가 두 곳에서 강의를 하는 경우도 있었다.

회사마다 강사나 강의 횟수 등이 다양하게 구성되어 있었다. 어떤 강의는 한 단원을 한 번에 끝내기도 하고, 또 다른 곳의 강의는 한 단원을 세 번에 쪼개어 강의하기도 했다. 그리고 여름 방학에 들었던 강의가 겨울 방학에는 다른 형식으로 바뀌기도 하였다.

유경이는 인터넷 강의를 다음과 같은 순서로 듣는다.

1단계_ 인터넷 강의 1강을 듣는다.

2단계_ 강의와 관련하여 궁금한 것은 질문방에 올린다.

3단계_ 그와 관련된 책과 자료를 찾아 읽는다.

4단계_ 인터넷 강의 1강을 다시 듣는다.

5단계_ 문제를 푼다.

6단계_ 다음 날 강의를 듣기 전에 전날 올린 질문의 답을 확인한다.

이 과정을 반복하면 강의 내용을 내 것으로 만들 수 있다. 유경이는 인터넷을 통한 선행 덕분에 수업 시간에 대답을 잘하는 학생이 되었고, 그로 인해 수업 시간에 집중을 잘하는 아이가 되었다. 이것이 바로 평소 학교를 다녀오면 공부를 전혀 하지 않던 유경이가 상위 등수를 유지할 수 있는 비결이기도 하다.

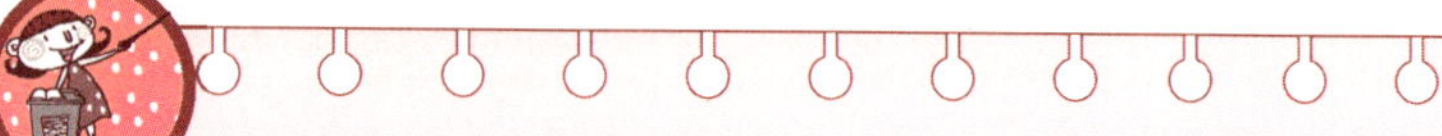

인터넷 강의 선택 요령

자녀에게 인터넷 강의를 시키고자 할 경우 다른 사람들의 말을 듣고 무조건 따라 하기보다는 다음의 사항들을 살펴본 후에 선택해 보세요.

❶ 강의 횟수와 시간

회사에 따라 강의 횟수와 시간이 제각각입니다. 먼저 총 횟수와 회당 수업 시간을 확인합니다.

❷ 강의 비교

샘플 강의를 통해 강의의 질을 비교합니다. 대부분의 사이트에서는 특정 강좌를 샘플 강의로 올려놓았는데, 이 강의가 바로 해당 사이트에서 가장 좋은 강의라고 생각하고 판단 기준으로 삼으면 됩니다.

❸ 수강료

횟수와 시간, 그리고 강의의 질을 비교하여 너무 비싼 강의는 듣지 않는 것이 좋습니다. '그 강의가 얼마짜린데'라는 반응을 아이에게 보이기 시작하면 아이가 인터넷 강의에 거부감을 느낄 수도 있습니다.

❹ 자녀의 특성

가장 중요한 요인입니다. 내 자녀가 긴 시간의 강의를 들을 수 있는지, 아니면 단시간 공부해야 하는지 등에 따라 강의를 선택해야 합니다.

위의 사항들을 꼼꼼하게 점검한 후에 선택을 해야만 자녀의 특성에 맞는 강의를 선택할 수 있습니다.

모든 공부의 기본, 국어 만점 공부법

말하기1. 완전한 문장으로 말하게 하자__
말의 힘

"엄마! 물."

"뭐?"

"물"

"그러니까. 물이 어떻다고?"

"엄마는, 당연히 물 달라는 거지."

"그럼, '엄마 물 주세요.' 해야지."

어느 집이든 마찬가지일 것이다. 한국말은 끝까지 들어보아야 한다고 하는데 우리 아이들은 뒤가 없는 말을 자주 한다.

물을 달라는 것인지, 아님 물을 준다는 것인지, 또는 물이 쏟아질 것 같다는 것인지, 아님 이미 엎질러졌다는 것인지 도무지 알 수가 없다.

우리말은 서술어가 뒤에 있기 때문에 끝이 없는 말을 하면 말하는 사람의 의사를 정확하게 알 수 없다. 옳다는 것인지, 그르다는 것인지, 아니면 무언가를 하겠다는 것인지, 하지 않겠다는 것인지 전혀 짐작할 수 없다. 그러므로 '엄마! 물'이 아니라 '엄마! 물 주세요.'가 되어야 하는 것이다.

자녀들에게 끝까지 말하라고 지도할 때는 신문을 활용하는 것이 좋다.

"애들아! 여기 '한국 비웃던 축구팬들 사과'라는 제목의 기사가 있네."

"어디요? 그런데 사과했다는 건가?"

"그러게. '한국 비웃던 축구팬들 사과'라는 제목으로 봐서는 사과를 했다는 것 같지!"

"엄마! 기사를 읽어보니까 사과해야 된다는 건데"

"사과라는 단어 뒤에 '했다.'나 '해야 한다.'가 없으니까 정확한 뜻을 알 수 없지. 너희 말도 그래. '엄마. 물'하고 끝나면 물을 어떻게 하라는 것인지 알 수 없잖니. 하지만 신문과 너희들의 말하기는 조금 달라. 신문은 기사가 함께 실리기 때문에 함께 읽으면 뜻을 정확히 파악할 수 있지만, 너희는 말을 듣는 사람이 일부러 물어보지 않으면 그 뜻을 정확하게 알 수 없잖아. 그러니까 정확한 표현을 써야만 너희들의 뜻을 제대로 전달할 수 있어."

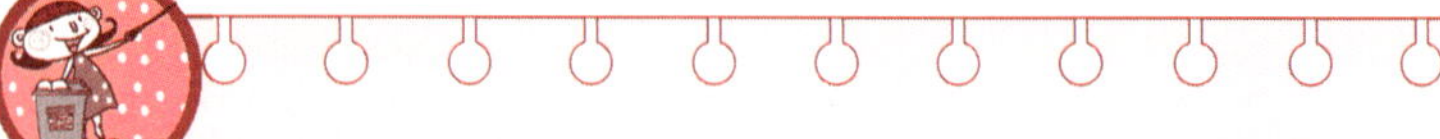

말의 힘을 아시나요?

우리 속담에 '말 한마디에 천 냥 빚을 갚는다.' '말이 고우면 비지 사러 갔다가 두부 사온다.' '혹 떼러 갔다가 혹 붙이고 온다.'와 같은 말들이 있습니다. 말은 상대를 감동시키기도 하고, 웃게도 하고, 화나게도 합니다.

요즘 아이들은 '깜놀'(깜짝 놀라다.)과 같이 너무 줄여서 뜻을 알수 없는 말을 사용하기도 하고, '열라'와 같이 좋지 않은 말들을 습관적으로 사용합니다. 이러한 말하기는 자신이 하는 말의 격을 떨어뜨리기 때문에 하고자 하는 뜻을 제대로 전달하기 어렵습니다.

이 밖에도 웅얼거리듯 끝을 흐리는 말하기와 중심이 없는 내용 말하기도 고쳐야 할 습관입니다. 이런 현상은 대게 잘못한 행동을 말해야 하거나, 자신의 말을 상대방이 어떻게 받아들일까 불안할 때, 그리고 자신의 생각에 자신이 없을 때 나타나지요. 이러한 말하기는 자신의 생각이나 의도를 다른 사람에게 분명하게 전달하지 못할 뿐만 아니라 오해를 불러일으키기도 하지요.

이때 '똑바로 말해!'라고 윽박지르기보다는 어떻게 말하는 것이 똑바로 말하는 것인지를 알려 주세요. 그리고 나쁜 예를 발견할 경우 지적을 하지 말고 '듣기 안 좋다.' 정도로 말하세요. 많은 사람들이 아이들에게 종종 어떻게 하는 것이 제대로 하는 것인지 알려 주지 않으면서 알아서 똑바로 하기를 바랍니다. 경험이 부족한 아이들에게 왜 똑바로 말해야 하는지 실생활에서 알려 주세요.

말하기2. 자신의 주장을
당당하게 말하도록 하자__
말하기 훈련

"이 연사 강력하게 외칩니다."

필자가 어릴 적에 웅변 대회에 참여한 남동생이 두 팔을 벌려 우렁차게 외치던 말이다. 대회가 끝난 후에는 의기양양하게 커다란 트로피 하나를 들고 돌아왔다.

우리가 어렸을 적에는 말을 잘하기 위한 방편으로 웅변 학원을 다니는 아이들이 많았다. 하지만 요즘은 스피치 학원, 연기 학원, 그리고 아나운서 교실 등과 같은 다양한 곳에서 여러 가지 형태로 유창한 말하기를 배운다.

"서로가 남·북으로 나뉘어 총칼을 겨누던 그 때 이후, 우리는 이산의 아픔과 동반자를 잃은 슬픔을 겪어야 했고, 세계 유일의 분단 국가 국민이라는 상처를 안고 살아가고 있습니다.

이렇듯 아픔을 겪고 있는 우리지만, 빠르게 변화하는 이 시대야 말로 과거를 극복하고 분단의 고통을 치유해야 할 때라는 것을 알고 있습니다. 통일은 한 민족이 풀어 나가야 할 아주 중요한 과제입니다.(이하 생략)"

이 글은 '통일 자기 주장 대회'에서 유경이가 발표했던 내용의 일부이다. 유경이는 앞에서 말한 교육 기관을 다닌 적은 없지만 자신의 생각을 또박또박 발표해 이 대회에서 2등을 하였다. 이렇게 교내의 크고 작은 대회에 거부감 없이 참여하여 자신의 생각을 당당하게 발표하다 보니 학교 대표로 서울특별시 어린이 의회에 나가는 행운도 뒤따랐다.

"안녕하십니까! 저는 서울 관악 초등학교 6학년에 재학 중인 정유경 어린이 의원입니다. 저는 인터넷 온라인 게임 시간제 운영에 관한 조례안에 대해 찬성합니다.

우리나라는 인터넷 온라인 게임 강국입니다. 그래서 게임 산업의 진흥을 위해 여러 기관이 노력하고 있습니다. 그러다보니 게임과 관련하여 꿈을 키워가는 어린이와 청소년이 많습니다. 자신의 꿈을 위해 노력한다는 것은 좋은 일입니다. 하지만 (이하 생략)"

유경이가 이렇게 자신의 주장을 다른 사람 앞에서 거침없이 표현하는 것은 평소 자신의 생각을 또박또박 말하는 습관 때문이다.

말을 또박또박 해야 자신이 하고자 하는 이야기를 제대로 전달할 수 있다. 이는 다른 경우에도 해당된다.

민구와 함께 학교 동요 대회 1학년 대상을 받은 한 친구는 성악가나 가수의 꿈을 키워가고 있다. 그런데 학년이 올라가면서 귀엽기만 했던 유아적인 발음이, 무슨 뜻인지 제대로 전달되지 않아 노래를 감상하는 데 장애가 되었다. 또박또박 말하기가 얼마나 중요한지 보여 주는 사례이다.

삼남매의 말하기 훈련

❶ 책읽기로 또박또박 말하는 연습을 한다

책이나 신문을 소리 내어 읽게 함으로써 큰소리로 자신 있게 말하는 연습을 합니다. 이때 혼자 읽을 때와 다른 사람이 듣는 상태에서 읽을 때를 구분하여 음성의 크기를 조절하도록 지도합니다.

❷ 연극을 한다

뮤지컬 잉글리시나 연극을 통해 자신이 하고 싶은 말을 몸으로 전달하는 방법 등을 익히도록 합니다.

❸ 성당에서 미사 전례를 한다

성당에서 미사 전례 봉사를 통해 해설을 할 때와 독서를 할 때 주의할 점, 마이크 사용법 등을 익히게 합니다. 이런 자리에 자주 서게 되면서 틀렸을 때 취해야 할 태도와 많은 사람 앞에 서 있는 자신감을 키웠습니다.

듣기는 귀와 손이 함께 하자__
메모의 습관화

"자, 지금부터 선생님이 들려 주는 이야기를 잘 읽고, 내용을 간추려 발표해 봅시다."

서포 김만중은 조선 시대에 살았던 분입니다. 김만중은 어려서 일찍 아버지를 여의고 홀어머니 밑에서 생활하였습니다. 어린 만중의 집안은 무척 가난하였습니다.

어느 날, 책장수가 책을 팔러 왔는데, 책 구경을 하던 만중은 그만 자기도 모르게 이렇게 말했습니다.

"어, 이 책은 내가 꼭 읽고 싶은 책이야."

그러나 곧이어 만중은 자신의 경솔함을 후회하였습니다. 방 안에서 베를 짜던 어머니께서 자기 말을 듣고 가슴이 아플 것이라고 생각하였기 때문입니다. 그래서 만중은 일부러 큰소리로 말하였습니다.

“자세히 살펴보니 별로인데.”

만중의 어머니는 짜던 베를 잘라 팔아 그 책을 사 주시면서 말씀하였습니다.

“밥을 굶더라도 네 공부에 필요한 책은 사 주겠다.”

만중은 고생하신 어머니 곁을 떠나려하지 않았습니다. 억울한 귀양살이를 할 때에는 멀리 계시는 어머니께서 적적해하실까 봐 ‘구운몽’이라는 재미있는 이야기를 지어 보내 드렸습니다.

“자, 이 이야기의 중심 내용을 이야기해 볼 사람?”

“저요!”

“유경이 한 사람 밖에 없나? 그럼 유경이가 말해 볼까.”

“서포 김만중은 어머니와 함께 살았는데 어머니를 생각해 구운몽을 지었습니다.”

“그래. 이 이야기의 줄거리를 잘 말해 주었구나. 그런데 선생님이 바라는 중심 내용은 아니네. 누가 다시 얘기해 볼까?”

그런데 아무도 손들지 않았다.

“이런 큰일이네. 뒤에 어머님들 계신데 제대로 들은 사람이 없으니. 그럼 다시 한 번 들어야겠지?”

이는 4학년 5반 학부모 참관 수업에서 있었던 일이다. 선생님께서 참관 수업 과목으로 국어 듣기를 선택하셨고, 아이들에게 듣기의 중요성을 설명하신 후 학생들에게 이야기를 들려 주셨다. 여기까지는 순조롭게 진행되었다. 그런데 문제는 그 뒤에 생겼다. 학생들 가운데 제대로 들은 사람은 유경이 하나였던 것이다. 그럼 다른 학생들은 귀를 막고 있었던 것일까? 아니다. 유경이와 다른 학생들의 차이점이라면 손에 있다. 유경이는 메모를 하며 들었고, 다른 학생들은 그저 듣기만 했던 것이다. 그래서 유경이는 선생님께서 요구하시는 중심 내용에는 조금 못 미치지만 내용을 간추려 말할 수 있었고, 다른 친구들은 그저 이야기를 듣는 데서 끝난 것이다.

이런 경험은 학생들을 지도하는 필자에게도 있다. 환경을 주제로 수업할 때였다. 필자는 학생들의 동기를 유발시키기 위해 노래 두 곡을 들려 주었다. 그런데 학생들은 노래에만 관심을 가졌을 뿐, 가사에는 관심을 가지지 않았다. 그래서 다른 팀에서 이 주제로 수업을 할 때에는 가사를 프린트하여 나누어 주었다. 그랬더니 내가 의도한 동기 유발이 되었다.

듣는다는 것은 귀로만 하는 것이기 때문에 귀만 열면 될 것 같지만 들은 것을 저장하여 다시 꺼내기 위해서는 손도 함께 움직여야 제대로 들을 수가 있다. 특히 노래 한 곡, 이야기 한 편과 같이 분량이 긴 것들은 더욱 더 손의 도움이 필요하다.

메모 습관화하기

토머스 에디슨, 레오나르도 다 빈치 등 우리가 이름만 들으면 알 수 있는 유명한 사람들은 자신만의 생각이나 아이디어를 기록하는 노트가 있었다고 합니다. 생각이나 아이디어는 떠올랐을 때 바로 기록해 두어야지, 나중에 기록하겠다고 미루어 두면 잊어버리게 됩니다. 사람들은 제각각 자신에게 맞는 방법으로 메모를 합니다. 다음의 방법들 가운데 내 자녀에게 맞는 방법을 찾아보세요.

❶ 수첩을 들고 다니며 중요한 것을 메모한다

수첩의 크기는 본인의 취향에 따라 다양하게 고를 수 있습니다. 하루를 중심으로 시간의 순서대로 기록하도록 하면 생활 관리도 된답니다.

❷ 포스트잇을 들고 다니며 한 장에 하나씩 메모한다

집에 돌아와서는 포스트잇을 주제별로 분류하여 붙입니다. 이 방법을 사용하면 한 가지 주제에 대한 다양한 생각들을 스크랩하는 효과도 거둘 수 있습니다. 스크랩한 메모들은 다음에 다시 활용할 수 있습니다.

❸ 전자 수첩을 이용한다

요즘은 전자 제품이 발달하여 다양한 전자 수첩들이 판매되고 있습니다. 전자 수첩에 메모를 하면 필요한 시각에 알람으로 알려 주기 때문에 매우 편리합니다.

읽기는 신문에서 배우자__
스타들의 신문 읽기

"말을 논리적으로 잘하려면 신문을 읽으세요."

이 말은 신문 협회의 '신문 읽기 스타상'의 첫 수상자였던 김제동 씨가 한 말이다. 말솜씨가 좋기로 소문난 그는 신문을 '아침 밥상'에 비유하였는데, 어떤 날은 부시가, 어떤 날은 아프가니스탄의 어떤 소녀가 찾아온다고 하면서 온갖 세상사를 추려 집 앞으로 가져다주는 신문은 '좋은 아침밥'이라고 말했다.

김 씨의 취미는 신문 읽기인데, 군 복무 때부터 매일 여러 종류의 신문을 읽고 아이디어를 생각해 냈다고 말했다. 그는 여러 신문을 읽을 때 똑같은 기사가 났을 경우 끝부분을 주의해서 읽는다고 했다. 그 이유는 같은 기사라도 사건에 대한 기자의 견해가 다를 수 있기 때문이라고 했다.

보통 사설은 신문사 성향에 따른 입장을 발표하고, 칼럼은 글을 쓰는 사람의 이야기를 다루고 있는데 이런 것들을 고려하여 신문을 읽다가 자신의 생각과 다른 기사를 만나게 되면 신문 여백에 자신만의 생각을 쓴다고도 했다. 이런 읽기를 통해 김 씨는 오늘날 모두가 부러워하는 달변가가 된 것이다.

"신문을 소리 내어 읽다보면 발음, 발성 연습도 되고 세상 돌아가는 이치도 알 수 있어 좋다."

이 말은 혼자 밥 먹거나, 전철을 기다릴 때, 화장실에서, 그리고 짬짬이 쉬는 시간에 신문을 읽는다는 김수로 씨의 말이다.

2008년에 스타상을 받은 그는 "바쁜 와중에 어떻게 짬을 내어 신문을 읽느냐?"고 묻자 '신문 읽기가 습관화되어 있다면 그 시간이 빈 시간 아니겠느냐?'면서 "무엇이 우선인가가 중요하다."라고 말했다. 5수 끝에 서울예대 연극과에 들어간 그는 신문을 통해 발음과 발성 연습을 했고, 세상 돌아가는 이치도 알게 되었다고 회고했다.

신문은 살아 있는 교과서라 불린다. 수능 고득점자들의 공통된 몇 가지 습관 가운데 하나인 신문 읽기를 해 보자.

신문 읽기 이렇게 시작해 보세요

초등학생이 어른들이 읽는 일간지를 읽는 것은 쉬운 일이 아니지요. 우리 삼남매의 신문 읽기를 소개합니다.

막내 민구는 어린이 신문을 읽습니다. 어린이 눈높이로 쓰인 기사를 읽고 제게 이야기를 하며 자기 것으로 만들지요. 유경이는 시간이 날 때마다 관심 있는 기사를 찾아 읽고 민구나 제게 이야기를 들려주며 자신의 생각을 함께 말합니다.

유진이는 '날씨 비교', '칼럼 비교', '사설 비교' 등과 같이 한 가지 주제를 택하여 NIE 활동을 하면서 읽었습니다. 이렇게 읽으면 신문 읽기가 쉬워지고 정확한 비교가 되어 자연스럽게 논술 공부가 됩니다.

자녀가 신문에 관심을 보이기 시작했다면 쉬운 것부터 보도록 유도해 보세요. 예를 들어, 신문에서 오늘의 날씨를 찾아 날씨 기호도 확인하고, 기온도 알아봅니다. 그러면서 이런 날씨에는 어떤 옷을 입을 것인지 생각하도록 질문을 합니다. 이렇게 신문과 친해지면 1면에 실리는 종합 뉴스에도 관심을 가지도록 해 보세요. 그러면 이슈가 되는 부분들을 함께 보게 되어 이야기를 나누는 재미가 생긴답니다.

이렇게 신문을 단순히 보는 것에서 그치지 않고 활용하는 법과 이야기 나눌 거리로 활용하면 더욱 재미있고 유익한 신문 읽기가 될 수 있답니다.

쓰기는 글쓰기에 대한 두려움만 극복하면 된다__
나만의 동화책 만들기

산타 할아버지는 주무시고 계십니다. 여름에 해수욕장에 가서 썬텐을 하는 꿈을 꾸면서 말이죠. 그러나 할아버지의 자명종 시계가 '따르릉! 따릉!'하고 울립니다. 할아버지는 시계 때문에 달콤한 꿈을 깨게 되어 몹시 화가 나셨습니다. 이불을 반쯤 접고 할아버지의 방에 놓은 달력을 보니 12월 24일 크리스마스 이브입니다. 할아버지는 겨울을 싫어하십니다. 겨울 중에 12월 24일 보다 더 귀찮은 날은 아마 없을 것입니다.

이 글은 비룡소에서 나온 《산타 할아버지》라는 책의 첫 페이지 그림을 보고 유경이가 쓴 이야기이다.

"유경아! 이번 방학에는 엄마와 동화책 만들기를 한번 해 볼까?"
"동화책? 어떻게 만들 건데?"

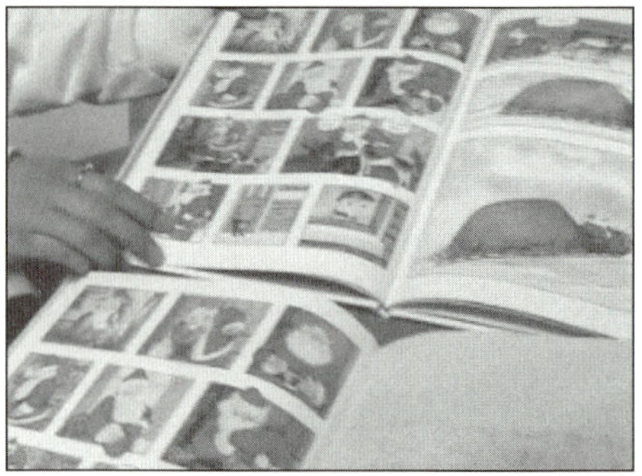

"그림만 있는 동화책에 유경이가 이야기를 써 넣는 거지. 어때 간단할 것 같지 않아?"

"그러게. 별로 어렵지 않겠는데!"

이렇게 유경이의 동화책 만들기가 시작되었다.

우선 집에 있던 책 가운데 그림이 많은 책 한 권을 골랐다. 레이먼드 브릭스가 글을 쓰고, 그림까지 그린 《산타 할아버지》라는 책이다.

사실 간단한 작업은 아니었다. 아무 것도 아닌 것 같지만 그림 속에서 찾아야 하는 것들이 많았다.

"유경아! 첫 페이지를 어떻게 시작하면 좋을까?"

"음, 산타 할아버지께서 시계가 울려서 일어났다."

"그렇게 쓰면 이야기 책이 너무 재미없고 밋밋하지 않을까? 그림을 자세히 살펴봐. 작은 것 하나하나에 이야기가 담겨 있거든."

"좀 짧은가? 음, 달력도 보이고, 할아버지가 꿈꾸고 있는 것도 보이고, 고양이도 보이고."

"달력에 며칠이라고 되어 있지?"

"24일 같아. 맞아. 마지막 그림에 12월 24일이라고 되어 있어. 어! 그럼 크리스마스 이브네!"

"그래. 오늘은 크리스마스 이브인가 보다. 그럼 할아버지 표정을 볼까?"

"표정? 산타 할아버지가 화난 것 같아."

"뭘 보고 그렇게 생각했어?"

"시계를 끄는 얼굴도 그렇고, 달력을 보시는 얼굴도 그렇고. 기분 좋은 표정이 아니야."

"그럼 그것들을 종합해서 다시 이야기를 써 봐."

이렇게 이야기를 나누어 가면서 유경이가 놓치고 지나가는 것들을 어떻게 붙잡아야 하는지 알려 주었다. 유경이에게 '산타가 화났지. 그건 꿈이 깼기 때문이야.'라는 답을 주었다면 유경이는 다음 장을 넘길 때마다 내게 어떻게 써야 할 것인지를 물었을 것이다. 하지만 스스로 보도록 하고, 스스로 이야기하도록 하였더니 한두 페이지를 넘기면서 쓰는 요령을 터득했다.

그런데 3분의 1 정도 썼을 때 짜증을 냈다.

"엄마! 이거 너무 많아. 해도 해도 끝이 없어."

“벌써 3분의 1이나 했네. 할 때는 힘이 들겠지만 네가 직접 쓴 동화책이 탄생했을 때를 생각해봐. 얼마나 뿌듯하겠니? 이제 얼마 안 남았으니까 하루에 한 페이지씩 일기를 쓴다고 생각하고 천천히 해 나가자.”

그렇게 달래가며 쉬엄쉬엄 작업한 책이 방학이 끝날 무렵 완성되었다. 유경이는 매우 뿌듯해 했다. 지금도 친구들이 놀러오면 자랑스럽게 보여 준다.

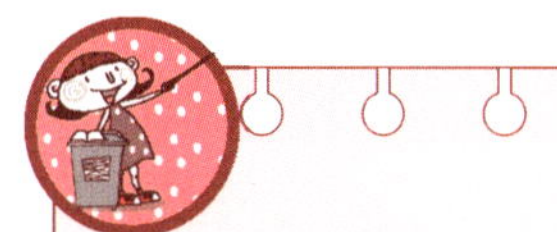

동화책 만드는 과정

준비물 : 동화 3권(동일한 책), 색지(동화 크기로 자른 것), 칼, 가위, 필기 도구 등

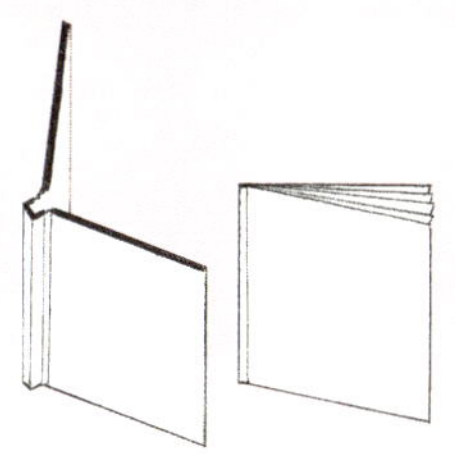

❶ 글은 적고, 그림이 많은 책을 한 권 골라 같은 것으로 세 권을 구입한다. 한 권은 원본으로 남겨 두고, 두 권을 한 권으로 만들기 위해 세 권을 준비한다.

❷ 두 권의 표지를 속지와 분리하여 둔다. 동화책의 겉장을 마지막에 다시 표지로 사용해야 하므로 분리할 때 겉표지가 훼손되지 않도록 주의한다.

❸ 동화책 두 권의 책등 부분에 붙은 접착제나 실을 잘라내어 낱장으로 분리한다. 대부분 본드로 제본(떡제본이라고도 함.)되어 있는데, 이 본드를 깨끗하게 제거해야 다시 제본할 때 본드가 깔끔하게 붙는다. 그렇지 않으면 동화책의 속장이 낱장으로 떨어져 나오게 되므로 주의한다.

❹ 두 권을 합하여 한 권으로 정열하되, 왼쪽에는 그림이, 오른쪽에는 색지가 오도록 배치한다. 즉, 1페이지는 책이, 2페이지는 색지가, 3페이지는 책이, 4페이지는 색지가 오도록 한다. 이 때 2페이지와 3페이지가 겹치는 부분을 풀칠하여 한 장으로 만든다.

❺ 한 권으로 만든 책 위에 2에서 분리해 둔 표지를 붙인다(제본은 대학가 주변의 인쇄소에서 할 수 있다.).

우리말이 이해가 안 된다면?__
한자 급수 따기

"엄마! 지하철이 뭐야?"

"민구야! 땅 지, 아래 하, 쇠 철이야."

"민구야! 땅 밑으로 다니는 전철을 말하는 거야."

민구가 6살 때 일이다. 한글을 읽기 시작하면서 이것저것 묻기 시작했는데 누나들과 함께 지하철 입구를 지나가다가 민구가 물었고, 누나들이 한자를 풀어서 설명해 주었다.

우리말의 70%는 한자어로 되어 있다. 그래서 한자어를 잘 알면 우리말도 어렵지 않게 할 수 있다.

"엄마! 이거 어려워."

"뭔데?"

"응, 과학인데 굴지성, 굴광성이라는 말이 나와. 말이 어려워서 외워지지가 않아."

"유진아! 그냥 외우려고만 하면 안돼. 한자를 풀어서 생각해 봐. 굴지성은 굽힐 굴, 땅 지, 성품 성이야. 즉, 뿌리가 땅속으로 뻗어 가는 성질을 말해."

"그럼. 굴광성은 빛 광자야?"

"그렇지. 굽힐 굴에 빛 광, 성품 성을 써서 식물체가 빛의 자극에 반응하는 성질을 말하지. 잎과 줄기가 빛을 향해 자라는 성질을 말하는 거야. 해바라기가 해를 향해 얼굴을 뻗는 것처럼"

"아! 그런 거구나."

유진이가 중학교 1학년 때 있었던 일이다. 과학 용어의 90%가 한자어로 이루어져 있는데 그것을 무조건 외우려고 하니 어려운 것이다. 이렇게 한자어의 비중이 높은 우리말을 무턱대고 뜻을 외우라고 가르치기 때문에 아이들 입장에서는 단어 자체가 어렵고 생소하게 느껴지는 것이다.

만약, 과학 선생님께서 아이들이 이해하기 쉽도록 한자를 하나씩 풀어서 이해시켜 주셨더라면 얼마나 좋았을까! 아마도 내가 학생 때 그렇게 배웠더라면 지금쯤 명문대에 가 있지 않을까?

아무튼 아이들이 더 많은 어휘를 알고자 한다면 한자어를 무턱대고 외우라고 할 것이 아니라, 왜 그런 뜻으로 쓰이는지 한자를 풀어가며 공부할 수 있도록 지도해야 할 것이다.

한자 급수 따기

요즘 한자 급수를 따기 위해 한자 공부를 열심히 하는 친구들이 많지요. 그런데 한자 하나하나만 알지 그것들을 연결하여 뜻을 생각하는 능력은 떨어지더군요.

예를 들어 자원 봉사自願奉仕의 한자 하나하나의 뜻(自 스스로 자, 몸소 자/願 원할 원/奉 받들 봉, 도울 봉/仕 섬길 사, 일할 사)을 안다면 굳이 설명하지 않아도 자원 봉사가 무엇인지 쉽게 이해할 텐데, 이것이 한자어라는 것조차 모르니 뜻을 짐작할 수가 없지요.

우리 친구들이 자신이 배운 한자를 잘 활용할 수 있도록 활용 능력도를 높여 주세요. 그러면 우리글과 말을 더 쉽게 이해할 수 있게 될 뿐만 아니라 교과서 내용도 좀 더 쉽게 이해하게 될 것입니다.

다음은 한자 자격 공인 기관입니다. 삼남매는 현재 한자교육진흥회의 시험을 치르고 있습니다. 민구와 유경이는 현재 준4급과 3급에 도전 중입니다.

한국어문학회	한자능력검정
한자교육진흥회	한자자격검정
대한검정회	한자급수자격검정
한국외국어평가원	실용한자
한국평생교육평가원	한국한자검정
한국한자한문능력개발원	한자능력자격검정
대한상공회의소	상공회의소 한자

다양한 한자자격시험에서 국가가 공인하는 급수는 3급부터입니다.

유진이는 논술을 혼자 했다고?__
논술 지도 포인트

"유진아! 너도 논술 공부해야 할 텐데!"

"엄마가 가르쳐 줄 거지?"

"그러게. 그러면 좋겠는데 이번 방학도 또 바쁘네. 다음 방학에는 수업을 많이 하지 말아야지! 그렇다고 한 달 동안만 지도해 주는 곳도 없고."

"그러게. 수학이랑 영어는 한 달에 한 학기 선행하는 곳이 있는데, 논술은 한 달만 배우는 곳이 없어."

"엄마가 논술 공부하는 방법을 알려 줄 테니 혼자서 해 볼래?"

그렇게 유진이는 중학교 2학년 여름 방학을 혼자 논술 공부하는 시간으로 잡았다.

"우선 신문의 칼럼을 오리는 거야."

"칼럼만? 다른 건 안되는 거야?"

"신문에서 논술과 비슷한 서론-본론-결론의 구조를 가진 것이 칼럼과 사설이야. 그런데 사설은 신문사의 시각에서 객관적인 것처럼 쓴 주관적인 것이라서 그것만 읽는 건 좀 그렇고, 칼럼이 개인의 시각에서 주관적으로 쓴 주관적인 글이니까 부담 없고 좋을 거야. 그러니까 칼럼을 활용하도록 하자."

"이것을 위에다 붙이고, 칼럼의 서론, 본론, 결론을 찾아보는 거야. 서론은 어디서부터 어디까지인지. 그리고 서론이 하나만 있는지, 아님 둘 있는지. 그것을 아래에 기록하는 거야. 기록을 할 때 서론의 중심 내용도 함께 요약해서 기록하는 것이 중요해."

"그렇게 본론이랑 결론도 하면 돼?"

"그렇지. 하면서 어렵거나 요약하기 힘든 것이 나오면 그냥 비워 둬. 나중에 다시 보게 되었을 때 채워도 되니까."

이렇게 유진이는 다른 사람들이 쓴 칼럼을 읽으며 혼자 논술 공부를 하였다.

유진이가 사이버 논술 대회에 나갔을 때의 일이다.

"엄마! 사이버 논술 대회에 참여할 건데 도와줘."

"논술 대회에 참여하려면 네 힘으로 해야지! 대신 사이버 논술 시작하기 전에 엄마가 몇 가지 도움말은 줄 수 있지."

“도움말?”

“논술의 형식이 뭐였지?”

“서론－본론－결론”

“그럼 서론과 본론 그리고 결론의 비중이 어떠했었지?”

“1:2:1이거나, 2:3:1이거나, 2:3:2였어.”

“다른 사람들이 서론을 어떤 식으로 썼지?”

“재미있게 시작하거나, 다른 사람의 글을 인용하거나, 많은 사람들이 아는 이야기로 시작했어.”

“그래. 그럼 너도 그렇게 시작하면 되는 거야. 그러면서 서론에 네가 얘기하고자 하는 결론을 살짝 보여 주면 되지.”

“알겠어. 그러면서 본론을 쓸 때는 근거를 같이 쓰라는 말 하려고 했지?”

“그래. 그럼 혼자서 해 봐.”

상은 중요하지 않았다. 유진이가 스스로 할 수 있는 힘을 기르는 것이 중요했다. 상에 대한 부담을 주지 않으니 이 대회 저 대회 가리지 않고 많이 참가하게 되었고, 그러면서 자신의 문제점을 발견하기도 하고, 장점을 발견하기도 하였다.

‘논술을 어떻게 쓸까?’는 사실 중요하지 않다. 유진이와 같은 방법으로 쓰면 짧은 시간에 간단하게 익힐 수 있다. 다만 많은 것에 관심을 가지고 많은 것들을 접하고 경험해야 좋은 논술이 나올 수 있다.

논술 지도 포인트

자녀가 논술을 하기 전에 대화로 생각을 불어넣어 주세요.

문제 : 어린이가 가요를 부르는 것에 대해 찬성인가, 반대인가?

위와 같은 질문에 아이들은 대부분 찬성이라고 하지요. 이유를 물으면 "그냥. 부르면 어때서?"로 답합니다. 하지만 논술에 '그냥'이란 것은 없지요. 그래서 나의 주장이 찬성이라 하더라도 '불러도 좋은 이유'와 '부르면 안되는 이유'를 각각 생각해 보도록 합니다. 그런 후에 노래를 부름으로 인해 생기는 여파와 부르지 않음으로 인해 생기는 현상에 대해 생각하게 한 후, 찬성인지 반대인지를 정하여 글을 쓰도록 합니다.

다음은 무조건 찬성을 외치던 아이의 논술입니다.

'어린이가 가요를 부르는 것 자체는 문제가 되지 않지만 그것을 통해 아이들의 정서 발달에 문제가 생길 수 있기 때문에 반대한다.

첫째, 가요의 가사는 어른들을 위해 쓰인다는 것이다. 따라서 가사의 대부분이 사랑을 주제로 하고 있으며, 뮤직 비디오도 이러한 내용을 담고 있다. 그래서 어른들은 선정성을 이유로 우리에게 보지 말라고 하는 것이다. 둘째, 동심이 사라지고 있다는 것이다. 동요는 우리에게 동심을 불러일으킨다. 그런데 가요를 자꾸 부르다보면 동요가 시시해지고 동요를 점차 멀리하게 된다.

그러므로 가요를 어린 나이에 부르는 것은 맞지 않다고 본다. 이렇듯 가요는 우리 어린이들에게 좋은 것보다는 나쁜 것을 더 많이 심어주기 때문에 부르는 것을 자제하였으면 한다.'

책 읽는 환경을 만들자__
거실의 무한 변신

"유진아! 엄마, 유경이 보고 있을 테니까 아침 먹고 엄마 얼굴 보고 학교 가."

초등학교에 갓 입학한 유진에게 여느 날과 똑같이 아침상을 차려준 후 젖병을 들고 유경이에게로 갔다. 그런데 깜빡 잊고 있다가 고개를 들어보니 시계는 9시를 넘어서고 있었다. 아이가 나가는 소리가 나지 않아 얼른 옆방에 가보니 책 삼매경에 빠져 있었다.

"유진아, 학교 안 가? 벌써 아홉시인데."

"어?"

다음날도, 그 다음날도 똑같은 일이 일어났다. 이래서는 안되겠다 싶어 큰 소리로 야단을 쳤다.

"정유진! 너 자꾸 이렇게 할 거야? 아침에는 학교를 가야지 왜 책을 보고 있어?"

그리고는 애를 재촉하여 학교로 보냈다. 그런데 그날 저녁부터 유진이는 그렇게 좋아하던 동화책도 재미있는 만화책도 쳐다보지 않았다. 그제서야 혼내는 방법이 잘못되었다는 것을 깨달았다. 그래서 유진이가 다시 책을 읽게 하기 위해 여러 가지 방법으로 접근했다.

우선 책꽂이의 위치를 거실로 바꾸었다. 요즘은 '서재형 거실'이 유행인데 우리 집은 일찌감치 바꾸었으니 선두주자인 셈이다.

책장에 꽂힌 책들의 위치도 바꿨다. 책장의 무게 중심은 좋아 보이지 않았지만 아래에 있던 크고 무거운 책들을 제일 위로 보내고, 유진이가 잘 읽는 책들을 손이 닿기 쉬운 아래로 내려놓았다.

그리고 나부터 책을 읽었다. 읽으라는 주문보다 엄마의 모범이 가장 좋은 방법이라는 것을 알기 때문이었다. 또 바닥과 식탁 등 주변에 책을 조금씩 내려놓았다. 마음먹지 않아도 언제든지 책을 잡을 수 있도록 유진이가 좋아할 만한 책들로 한두 권씩 내려놓았다. 책은 읽기 위한 것이지 전시하기 위한 것이 아니라는 생각에서였다. 이것은 습관이 되어 지금도 아이들은 읽던 책 한두 권을 거실에 그냥 둔다. 그래서 아이들은 책으로 혼자 놀기의 진수를 보여 준다.

이렇게 노력하는 동안 유진이가 조금씩 책에 대한 흥미를 다시 갖기 시작했고, 책을 다시 좋아하게 되는데 딱 1년이 걸렸다.

아이들이 책을 잘 읽기 바란다면 책을 읽을 수 있는 환경부터 만들어 주어야 한다.

거실의 무한 변신

옛날 한옥의 마루는 가족이 한데 모이는 소통의 공간이었습니다. 하지만 텔레비전에 대화를 빼앗긴 지금의 거실은 더 이상 소통의 장소가 아닙니다. 그래서 최근 대화가 가능한 소통의 공간으로 바꾸자는 소리와 함께 거실을 서재로 변화시키자는 운동이 일고 있답니다.

첫째, 텔레비전의 영향력을 줄입니다. 간혹 텔레비전을 멀리하라고 조언하면 대부분의 부모들은 아이 핑계를 대지만 사실은 부모 자신이 드라마와 스포츠로부터 멀어지기 싫어서이기 때문이지요. 자녀와 대화를 나누기 위해서는 부모의 결심이 필요합니다.

둘째, 책꽂이를 거실로 옮깁니다. 책을 꽂을 때에는 책의 무게나 크기와 상관없이 아이들이 자주 보는 책과 자주 보았으면 하는 책을 손닿기 좋은 곳에 배치합니다. 만약 거실에 큰 책꽂이를 옮겨 놓기 부담스럽다면 작은 책꽂이 한두 개를 꺼내어 아이들이 늘 책과 가까이 할 수 있도록 해 보세요.

셋째, 책을 보며 이야기를 나눌 탁자를 마련합니다. 이 탁자는 오로지 책 읽기와 대화에만 사용합니다. 탁자 위에 음식물을 올려놓으면 책 읽기 어려운 환경으로 전락하기 쉽습니다.

오늘의 안철수를 만든 독서__
독서의 중요성

쿡TV의 '내 아이 글로벌 리더로 키우기'에 출연한 유경

　우리 아이를 글로벌 리더로 키우기 위한 리더십의 필수 요건은 바로 창의력이다. 생각을 뒤집고, 남과 다른 독창적인 해법으로 문제를 해결하는 힘이 바로 창의력이다. 창의력을 높이면 다른 사람보다 먼저 글로벌 리더로 성장할 수 있다. 이 시대 글로벌 리더인 안철수 씨를 통해 창의력에 대해 살펴보자.

"한 사람이 장난삼아 만든 것 때문에 여러 사람이 피해를 당하는 것을 보고 바이러스 백신 프로그램을 만들었다. 프로그램을 만드는 데는 창의적인 생각이 필요했다."

무에서 유를 창조하는 능력, 그리고 사람을 고칠 수 있다면 컴퓨터 바이러스도 고칠 수 있다는 1% 생각의 차이! 그것이 바로 안철수 리더십의 비밀이다.

창의력을 키우고 성공 지능을 키우기 위해서는 다양한 경험을 하는 것이 필요하다. 나의 지식과 다른 사람들의 지식을 함께 하면 경험의 폭과 깊이가 달라진다. 그것을 도와주는 것이 책이다.

"창의적인 성공을 위해서는 경험을 넓혀야 한다. 독서는 창의적인 경험을 하는 가장 좋은 방법이다. 나는 독서광 정도가 아니라 활자광이라는 별명이 있었다. 중학교 때 30분 거리 등하교 길을 버스를 타지 않고 책을 들고 다니며 읽었다."

유경이네 집에서는 텔레비전 소리가 아니라 책장 넘기는 소리가 들린다. 어려운 과학 서적도 모두 읽었다는 유경이의 특이한 독서법을 살펴보자.

첫째, 책의 그림을 보면서 이야기를 지어낸다. 둘째, 자신만의 책을 만든다. 연구 주제를 정하고 한 권의 책을 엮어낸다. 생각의 창을 넓혀 주는 가장 손쉬운 방법은 독서이다.

—유경이 출연했던 조인스TV의 '자녀 리더십'의 내용을 간추린 것

독서가 중요하다는 것은 누구나 안다. 다만 독서를 어떻게 하느냐가 중요하다. 빌 게이츠는 "오늘의 나를 만든 것은 하버드 대학의 졸업장이 아니다. 그것은 내가 자라난 시골 작은 마을의 도서관이었다."라고 말했다.

이 방송에서 우리 집의 독서법이 소개되었다.

나는 자녀들에게 모르는 것이 있으면 일단 책을 먼저 찾도록 한다. 그러기 위해서는 집에 책이 많아야 하고, 또 그 책들을 읽어 어느 정도 내용 파악이 되어 있어야 한다. 책을 읽으면 내가 찾고자 하는 그 한 가지만 얻는 것이 아니라 그와 관련된 여러 가지들을 다시 보게 됨으로써 연결고리를 확인하게 된다.

앞에서도 이야기했지만 필자는 아이들의 손이 닿는 곳에 책을 두었고, 책은 정돈되어 있지 않아도 혼내지 않았다. 책을 치우는 것이 스트레스가 되면 책을 읽겠다는 마음이 줄어들 수 있기 때문이다.

마지막으로 텔레비전 시청 대신 토론을 하는 것이다. 책을 읽었다면 그에 대한 이야기도 나누어야 하고, 또 자신이 찾은 정보가 있다면 서로 공유하도록 한다. 그래야 서로가 서로에게 도움이 되며 함께 성장해 나갈 수 있다.

엄마표 독서법을 소개합니다

엄마도 아이들이 읽는 책을 내용을 알고 있어야 합니다. 그렇다고 모든 책을 다 읽을 수도 없고, 또 나이 먹어 책 읽는 것도 쉽지가 않지요. 그래서 엄마표 독서법을 소개합니다.

❶ 아이들 책 가운데 얇거나 짧은 책은 처음부터 끝까지 읽는다.
이렇게 읽은 것은 아이와 함께 자세하게 이야기 나누는 자료로 활용합니다.

❷ 두껍고 어려운 책은 프롤로그와 에필로그, 그리고 목차 등을 읽고 작가의 의도나, 책에 담긴 내용을 파악한다.
만약 이것만으로도 부족하다면 서평이나 리뷰를 함께 활용합니다. 이것을 활용하면 책에 대한 개개인의 다양한 생각을 알 수 있지요. 이렇게 읽은 것은 책에 대한 전체적인 흐름이나 비평 등을 이야기하는 자료로 활용합니다. 만약 아이가 내용을 자세히 파고들면 엄마의 무기를 꺼내 드세요. '읽은 지 오래 돼서'와 같은 무기 말입니다.

❸ 관련된 도움 자료가 있다면 책의 빈 공간에 붙이거나 써 본다.
이것이 부모의 독후 활동이 되어 자녀들에게 모범이 됩니다.

❹ 일상과 관련된 책을 읽는다.
갯벌을 여행하기 전에는 《갯벌이 좋아요》나 《갯벌 탐사 도감》을 읽고, 4대강이 이슈가 되면 《콩달이에게 집을 주세요》나 《환경책》을 읽어 자녀와 이야기를 나누는 자료로 활용해 보세요.

어려운 수학을 만화로 배운 민구 __
만화책 고르는 요령

"엄마! 피타고라스의 정리가 이해가 안 가."

수학을 공부하던 유경이가 수학 책을 들고 나왔다.

"누나, 나 그거 아는데."

"그럼 설명해 봐."

유경이가 못 믿겠다는 듯이 물었다.

"직각 삼각형에서 빗변의 정사각형의 면적이 다른 두 변의 정사각형의 면적의 합과 같은 거."

"어쭈, 대단한데!"

가끔 깜짝 놀랄 만한 수준의 설명을 해서 부모를 놀라게 하긴 했지만 민구가 피타고라스의 정리를 알고 있다는 것은 정말 신기한 일이었다.

"민구야! 아빠한테 그걸 증명할 수 있니?"

“음, 그건 조금 어려운데…, 이 원리는 타일에서 발견했어”

정확한 표현을 사용하지는 않았지만 민구는 우리가 알지 못하는 발견 원리까지 이해하고 있었다.

민구에게 피타고라스의 정리를 알려 준 것은 바로 만화였다. 민구는 과학, 역사, 사회에 관한 것들을 거의 대부분 만화로 읽었다. 다양한 지식을 만화로 쌓는 민구의 만화 읽기는 다른 친구들과 다르다. 만화의 대사는 물론 설명글까지 빠짐없이 읽는다.

많은 분들이 ‘아이들에게 만화를 읽게 해도 괜찮아요?’하고 묻는다. 민구가 만화를 통해 지식을 쌓는 것을 보면 알 수 있듯이 만화도 나쁘지 않다고 생각한다. 짧은 시간에 기초적인 상식을 쌓는데는 만화 만큼 재미있고 유익한 것이 없다. 다만 처음 민구에게 만화를 줄 때 한 가지 약속을 했다.

“민구야! 만화라고 그림만 보면 중요한 내용을 모르게 돼. 책을 읽다가 웃었는데 무슨 내용인지 모르고 그림만 보고 웃으면 안 되겠지? 만화가 왜 웃긴지를 알기 위해서는 그림이 아니라 내용을 이해해야 하는 거야. 그러니까 만화를 보더라도 글자는 빠뜨리지 않고 모두 읽자. 알았지?”

그리고는 아이가 만화를 읽었을 때 가끔 한 번씩 무슨 이야기가 있는지 엄마에게도 알려 달라는 말로 확인 작업에 들어갔다. 아이가 어느 정도 제대로 읽는 습관이 들었다 싶었을 때부터는 확인을 하지 않았다.

만화는 민구뿐만 아니라 중학생인 유경이도 즐겨 읽는다. 요즘 세계사를 배우는데 어렵고 지루한 내용을 글로만 읽는 것보다 만화를 통해 익히는 것이 시간도 절약되고 이해도 빨라서 좋았다. 단, 역사의 경우 한 출판사의 책만 읽는 것은 금물이다. 저자에 따라 내용이 조금씩 다르고, 편집 방향에 따라 흐름이 제대로 잡히지 않을 수 있기 때문에 같은 시대를 다룬 만화를 여러 권 읽는 것이 좋다.

만화책 고르는 요령

서점에서 만화를 고를 때에는 다음 사항을 고려해야 합니다.

❶ 작가

그 분야의 전문성을 가진 작가가 내용을 구성하였는지 확인하여야 합니다. 전문적이지 않은 만화는 학습 효과를 떨어뜨립니다.

❷ 언어

대사가 유치하거나, 비속어, 유행어 등을 지나치게 사용하지 않았는지를 살펴보는 것이 좋습니다. 이런 경우, 재미가 있을지는 모르지만 학습의 재미를 놓칠 수 있습니다.

❸ 그림

선이 너무 날카롭거나 조잡한 것, 또 내용은 그렇지 않은데 폭력적인 장면이 많이 그려진 책은 선택하지 않는 것이 좋습니다.

※ 그림과 내용이 괜찮은 만화의 출판사나 작가, 만화가의 이름 정도는 알아 두면 좋답니다.

옛 성현의 이야기와 교육이 도움이 되는 옛날 이야기가 담긴 《맹꽁이 서당》, 과학적 현상을 재미있게 풀어 놓은 《Why?》, 예비 중학생을 위한 학습 만화 시리즈 《만화 ○○교과서》, 중학생이 된 친구들이 가장 어려워하는 세계사가 담긴 《사회타파》, 우리 역사를 쉽고 재미있게 읽을 수 있는 《만화로 보는 ○○○왕조 ○○○년》 등 재미있고, 유익한 만화들이 많답니다.

독후감은 줄거리와 생각을 쓰는 거라고?__ 엄마표 독후 활동

"엄마! 독후감 꼭 써야 해?"

"하루에도 몇 권씩 읽는 책의 독후감을 다 쓸 수는 없겠지. 하지만 민구가 처음 읽는 책이나 대여해 온 책의 독후감은 쓰면 좋겠는데."

"그건 왜?"

"일단 빌려온 책은 반납하면 다시 읽기 힘들잖아. 그러니까 독후감을 써 놓으면 무슨 내용이었는지 네가 그 책을 보면 어떤 생각을 했었는지 알 수 있겠지. 그리고 처음 읽는 책도 마찬가지야. 처음 읽었을 때 독후감을 써 놓으면 두 번, 세 번 반복해서 읽은 후, 그 글을 다시 읽으면 처음 읽었을 때와 무엇이 바뀌었는지 알 수 있겠지!"

다음의 몇 가지 방법과 생각그물, 만화, 동시 등 다양한 방법으로 독후 활동을 할 수 있다.

첫째, 줄거리와 감상을 쓰는 거야. 우리 친구들이 가장 흔하게 쓰고 있는 방법이지. 감상을 쓸 때에는 글에 대한 느낌은 물론 반성이나 교훈 등을 함께 써도 좋아.

둘째, 주인공이나 등장 인물에게 편지를 쓰는 거야. 하고 싶은 이야기를 편지로 쓰는 것이기 때문에 쉽게 할 수 있지.
● 《토끼와 거북》을 읽고 잠자느라 거북에게 뒤진 토끼에게 편지를 쓰는 거야.

셋째, 책 속에서 인상 깊었던 부분을 쓰고, 왜 그 내용이 인상 깊었는지에 대해 나의 생각을 담아내는 거야.
● 《강아지 똥》을 읽고 '넌 똥 중에서 제일 더러운 개똥이야'가 왜 인상 깊었는지 쓰는 거지.

넷째, 뒷이야기를 쓰거나, 다른 입장에서 다시 써 보는 거야.
● 《백설 공주》의 뒷이야기를 담은 《백설 공주는 정말 행복했을까?》처럼 뒷이야기를 쓰거나
● 《아기돼지 삼형제》를 돼지의 입장이 아니라 늑대의 입장에서 쓴 《늑대가 들려 주는 아기돼지 삼형제》처럼 다른 입장에서 써 보는 거야.

다섯째, 경험과 연결 지어 쓰는 거야.
● 《삼촌과 함께 자전거 여행》을 읽고 나의 자전거 경험을 이야기하거나, 나의 삼촌 이야기를 써도 돼.

여섯째, 책과 책 또는 주인공을 서로 비교해서 쓰는 거야.
● 《나쁜 어린이표》와 《너는 특별하단다》를 비교하는 거지.

독후 활동을 하는 요령

책을 읽을 때마다 독후 활동을 한다면 아이들이 힘들어 하겠지요. 그래서 주 1~2회 하는 것을 기본으로 하고, 쓰고 싶은 책이 있다면 추가하는 형식으로 하는 것이 좋답니다.

❶ 책을 선정하여 읽는다

책을 읽을 때에는 주인공과 등장인물, 그리고 이야기의 기승전결 등을 파악하며 읽습니다. 책 읽기에 대해서는 여러 의견이 있어요. 책을 부모가 읽어 주는 것이 좋다거나, 글을 안다면 스스로 읽는 것이 좋다는 견해지요. 필자는 책은 스스로 읽는 것도 필요하고 읽어 주는 것도 필요하다고 봅니다. 다만 읽어 주는 의미가 감성의 전달과 소통이라고 본다면 한 권을 모두 읽을 필요는 없겠지요. 한두 페이지만 읽어 주는 것도 좋을 듯합니다.

❷ 독후 활동 방법을 택한다

앞의 여섯 가지 방법 중에서 한 가지를 택합니다. 이때 글쓴이의 생각이 담긴 프롤로그나 에필로그를 참고하여 자신의 생각과 작가의 생각을 비교해 보는 것도 좋습니다.

❸ 그 밖의 책들은 용돈 기입장이나 통장의 형식을 빌려 만든 독서 통장에 적립합니다

날짜	책 이름	저자	출판사
2010. 7. 25.	사회 타파 3(세계사)	이영주	아이세움
한 줄 메모	세계 주요 문화 유적지를 탐방한다.		
한 줄 메모			

서술형의 늪에 빠진 유경이__
서술형의 모범 답안

"엄마! '생각해 보세요'인데 우리 선생님은 답을 불러 주신다."

"그게 왜?"

"아니. 내 생각을 써야지. 왜 선생님이 불러 주는 답을 써?"

"선생님께 왜 답을 불러 주시냐고 여쭈어 보지 그랬니?"

"이유는 얘기해 주셨어. 우리가 자꾸 엉뚱한 답을 말하기 때문이라고. 그런데 자신의 생각을 쓰는 거면 내가 생각한 거 아무거나 써도 되는 거 아냐? 엉뚱한 답은 틀린 거야?"

유경이가 초등학교 3학년 때의 일이다. 유경이는 생각을 쓰는 문제가 나오면 매번 어려워했다. 그래서 반은 엉뚱한 답으로 채우곤 했다. 자신만의 세계가 강하거나 상상의 도가 지나치거나 둘 중 하나일 것이다. 그래서 유경이에게 이렇게 지도했다.

"유경아! 생각을 쓰는 문제이니까 네 생각을 쓰는 것이 맞아.
하지만 그 생각이라는 것도 다른 사람이 보아 옳다고 하거나, 아니
면 정확한 표현을 써 주어야 맞는 거야. 그런데 너희들이 그 생각
을 제대로 못하기 때문에 선생님께서 일일이 불러 주시는 거지!"

어느 정도 알겠다는 표정으로 고개를 끄덕였다. 요즘 아이들은
'생각해 보세요'하는 문제를 만나면 답란에 '생각해 봤습니다.'라고
쓴단다. 생각해 보는 것이 문제이니 답을 그렇게 쓰는 것도 맞다.
그런데 정말 생각은 해 보고 '생각해 봤습니다.'라고 쓰는 것일까?

"엄마! 좋아하는 거랑, 사랑하는 거랑 뭐가 달라?"

"갑자기 웬 사랑 타령이야?"

"기말고사 점수가 나왔는데 국어가 내가 생각하는 점수보다
낮게 나와서 선생님께 갔더니 객관식은 다 맞았는데 주관식에서
많이 틀렸데. 답이 사랑하는 사이인데 나는 좋아하는 사이라고 써
서 틀렸다는 거야. 그게 왜 틀린 거야?"

"책에 사랑하는 사이라는 글자가 있어?"

"응. 나오긴 해. 그런데 시험지 지문에는 없었어."

"그럼 네가 틀렸네. 주관식이라서 주관대로 쓰면 될 것 같지만
그게 아니야. 글 속에서 말하는 것을 써 줘야지."

"시험지 지문엔 없는데?"

"그러니까 교과서로 전체를 배우는 거지. 거기까지 이해하고

있었어야 하는 거야.”

“너무 어려워!”

“그래, 그래서 ‘아 다르고, 어 다르다.’고 하잖니!”

유경이는 또 한 번 서술형 문제로 수렁에 빠졌다. 100점이라고 생각했던 국어가 88점이었고, 점수 차는 서술형에서 났다.

“유경아! 그러니까 문제가 원하는 답을 찾아야 해. 서술형이라고 해서 네가 쓰고 싶은 데로 쓰는 것이 아니라, 지문에서 보여 주거나 생략된 것을 찾아 답을 써야 하는 거야.”

민구도 유경이와 같은 문제로 억울함을 호소한다. 아마도 유경이와 민구만이 그런 것은 아닐 것이다. 아이들은 서술형을 만나면 자신이 아는 대로 써 버린다. 이 답을 읽고 채점할 사람을 고려하지 않는다. 아무리 답에 담긴 의미가 정답과 같다 하더라도, 제 마음대로 바꾸고 생략한 것을 채점자가 일일이 이해해 줄 수는 없다.

아이들이 서술형의 늪에서 빠져나오려면 교과서나 문제집의 문제를 풀면서 틀린 서술형 답은 답안지와 비교하여 어떻게 틀리는지, 무엇을 주의해야 하는지 등을 찾아내고, 답을 어느 정도 암기하도록 하는 것도 하나의 방법이다.

2012년부터 초등학교 시험에 서술형 평가가 50% 이상 출제된다고 합니다. 서술형 평가의 목적은 어린이들의 사고력과 문제 해결력을 기르기 위함이라고 합니다. 따라서 창의적인 사고를 잘하고 문제 해결력이 좋다고 하더라도 글로 나타내지 못하면 좋은 점수를 기대하기 어렵겠지요.

여기 서술형 평가의 교과서 한 권을 소개합니다. 책 속에 소개되는 것들을 하나씩 따라하다 보면 글쓰기와 서술형을 저절로 손에 잡힐 것입니다.

국어, 사회, 수학, 과학 등 과목별 공부 방법을 글쓰기는 물론, 서술형 시험에 초점을 맞추어 소개하고 있습니다. 특히, 엄마가 직접 교과서와 노트, 그리고 마인드맵을 활용하여 아이에게 글쓰기에 대해 가르치는 방법을 친절하게 소개하고 있습니다. 이 책은 서술형 시험을 준비하는 데 뿐만 아니라 자기주도 학습 능력을 키우는 데도 많은 도움을 줍니다.

귀가 트이고
입이 열리는
영어 만점 공부법

외국인에게 말 붙이기가 두렵다?__
자신감과 용기

"민구야! 가서 영어로 인사해 봐."

"창피하게 어떻게 해!"

"어때. 결혼식 끝나면 친척 아저씨 될 텐데."

"그래도. 영어에 자신도 없고."

오촌당숙 아주머니가 뉴질랜드 출신의 멋진 남자와 결혼식을 올렸다. 보통 때 같았으면 '안녕하세요?'라도 했을 텐데 한 마디도 하지 않았다.

민구는 학교 방과 후 수업으로 원어민과 꾸준히 대화를 나눈 경험이 있지만 새로운 외국인과 인사를 나누는 것은 쑥스럽고 자신 없었던 모양이다.

사실 필자도 영어를 잘하지 못한다. 고등학교 때까지는 반에서

1~2등을 했지만 사실 말은 한 마디도 못했다. 단지 교과서 열심히 외우고, 문제집 열심히 풀어서 시험만 잘 본 케이스였다. 내가 그렇다보니 아이들에게 영어 일등하라고 다그치지는 않는다. 필자는 아이들에게 1등이 아니라 재미있게, 꾸준히, 자신의 언어로 만들 수 있는 공부를 하도록 권한다.

외국 사람을 처음 대면하게 되면 가슴이 두근거려서 쉬운 말도 안 들리고, 또 입에서 한마디도 나오지 않는 것이 정상이다. 이런 현상은 영어를 공부해 본 모든 사람이라면 한두 번 쯤 경험해 보았을 것이다. 하지만 이미 그 단계를 뛰어 넘은 사람들은 안다. 발음이 좋지 않고, 문법적으로 틀려도 계속하다 보면 의사소통이 되고 그것이 실력이 된다는 것을 말이다.

외국인과 이야기를 나눔에 있어 나의 발음이 어색하고 문법이 맞지 않다고 해서 상대가 나를 비난하지는 않는다. 이는 우리가 텔레비전에 출연한 외국인들이 한국말을 어설프게 한다고 하여 그들을 비난하지 않는 것과 같다.

가끔 완벽해지면 외국인과 대화해 보겠다는 사람들을 만난다. 하지만 이는 불가능하다. 우리가 우리말을 완벽하게 하지 못하는 것처럼 외국인들도 완벽하게 구사하기 어려운 외국어를 우리가 완벽하게 구사하겠다고 뒤로 미루면 아무것도 할 수 없다.

외국인과 대화할 때 가장 중요한 것은?

많은 사람들이 외국인과 대화를 하기 위해 필요한 것은 발음과 자신감이라고 합니다. 물론 두 가지 모두 필요하지만 가장 중요한 것은 용기입니다. 혹시 내가 말하는 것을 외국인이 알아듣지 못하면 어쩌나, 나는 그 사람 만큼 영어를 잘하지 못하는데, 혹시 내가 외국인과 이야기를 할 때 사람들이 나를 쳐다보면 어떻게 하나하는 마음이 들기 때문에 외국인과 대화하기 힘든 것입니다. 그러므로 가장 필요한 것은 용기입니다. 자녀가 용기를 낼 수 있도록 격려를 아끼지 말아주세요.

과제로 등장한 영어일기__
영어일기 쓰는 요령

FebruaryFirst MondayViolin

I like play the violin. My level is Homan and Suzuki. I think so Suzuki is better. Because Homan is dull. I like minuets, because they are light heart. Homan have practice music. But Suzuki have classic music. So I like Suzuki. My violin teacher is a woman. And a play the violin well. I want play the violin well.

민구는 일주일에 한 번 정도 영어일기를 쓴다.

영어일기를 쓴다고 하면 주변에서 '와! 영어를 정말 잘하나 보다.'하는 반응을 보인다. 그러나 민구는 영어를 그렇게 잘하지 못한다. 그럼 어떻게 이런 영어일기를 혼자서 쓸 수 있게 되었을까?

처음 민구가 영어일기를 쓰기 시작한 것은 학교에서 진행되는 방과 후 교육의 숙제 때문이다.

"엄마! 선생님께서 영어일기를 써 오래. 영어 공책에 쓸까?"

"민구가 영어를 잘 못쓰니까 영어 공책에 쓰는 것도 좋겠네!"

"엄마! 그런데 뭐라고 써?"

"길게 쓰려고 하지 말고, 네가 쓸 수 있는 수준에서 써. 말이 되고 안 되고, 문법이 맞고 틀리고도 신경 쓰지 마. 그냥 네가 하고 싶은 이야기만 쓰면 돼."

그렇게 민구는 한 줄 두 줄 영어일기를 쓰기 시작했다. 문법적으로 본다면 100점을 기준으로 30점이나 나올까 싶을 정도로 제멋대로다. 하지만 영어일기에 대한 자신감 만큼은 100점이다. 물론 전자 사전의 힘을 빌어야 하지만 말이다.

유경이도 영어일기를 쓴다. 민구와 다른 점이 있다면 비밀 일기를 쓰고 싶을 때 영어일기를 쓴다는 것이다.

"엄마! 비밀 일기를 쓰고 싶은데 학습일기장에 쓰면 다른 사람이 다 보겠지?"

"그럼 비밀 일기를 영어로 쓰면 되지. 영어로 쓰면 읽는 데 시간도 걸리고, 바로 해석되지 않으니까 좋잖아."

"맞다. 그래야겠다."

이렇게 해서 유경이는 비밀 일기를 영어로 쓰기 시작했다. 이렇게 하고 나니 아쉽게도 내가 유경이의 일기를 몰래 읽을 수가 없게 되었다.

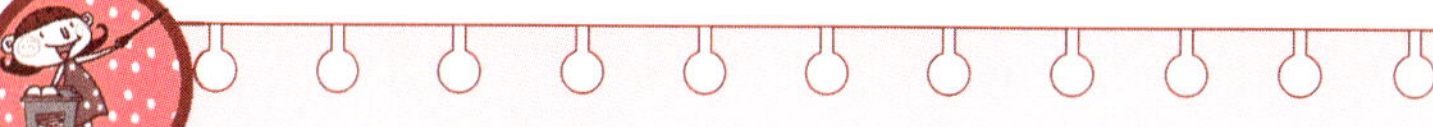

영어일기 이렇게 써요

우리말로 쓰는 일기도 쓰기가 쉽지 않은데 영어로 써야 하는 일기는 더욱 어렵죠. 처음 영어일기를 시작한 아이라면 다음과 같이 단계에 따라 쓰도록 해 보세요.

❶ 오늘 배운 단어를 넣어 한 줄 일기를 써 본다

일기 전체를 영어로 옮기기보다는 우리말일기에 한두 줄을 영어로 써 보는 것부터 시작하여 영어일기가 어려운 것이 아니라는 것을 느낄 수 있는 정도로 지도하는 것이 좋습니다. 만약, 영어로 생각을 표현할 정도의 실력이 되지 않는다면 영어 교과서나 다른 책에서 마음에 드는 문장 한 줄을 일기장에 옮겨 써 보는 것도 좋은 방법입니다.

❷ 주 1회 영어로 된 일기를 써 본다

한 줄 쓰기가 잘 되면 전체가 영어로 된 일기를 쓰도록 지도합니다. 이때 부모의 수준에서 온전한 문장을 쓰도록 지도하기보다는 아이가 쓸 수 있는 수준에서 짧게, 모르는 단어는 한글로 작성하며 쓰도록 지도합니다. 모르는 단어는 일단 일기를 쓴 후에 사전을 통해 수정해도 되니까요. 이때 다른 사람들이 쓴 일기와 비교하지 않도록 합니다.

❸ 영화 등 주제가 있는 일기를 쓴다

영화 감상, 독서 감상, 음악 감상 또는 이슈가 되는 시사 등에 대한 주제를 담아 일기를 쓰도록 합니다.

중학교 2학년 유경이가 쓴 자기소개서_
입학사정관 전형

My dream will come true

Hello everyone. My name is Jung Yoo-kyoung.

Today I want to tell you a story about my dream. When I was a child, my dream was a baker. Because I like the aroma of bread and I wanted to help poor people with my bread. Some people think perhaps I want to be a baker because a drama 'My name is Kim Sam-soon,' but I wanted to be a baker before that drama starts.

My mother said, if I want to be a baker, I should be a most famous baker in the world. For that reason, I thought about going abroad for study in France to obtain a qualification for being a patissier, and planed for study the department of food and nutrition in the best university of korea. 〈이하 생략〉

이 글은 유경이가 중학교 2학년이 때 쓴 자기소개서이다.

자기소개서를 쓰게 된 계기는 영어 발표 대회였다. 자기소개를 하거나, 동화 구연 등을 하면 된다는 규정에 따라 유경이는 자기소개를 준비하였다. 영어일기를 통해 기른 영작 실력으로 자기소개서를 작성하였다.

영어일기와 다른 점이 있다면 영어일기는 일기장에 처음부터 영어로 작성하였지만 자기소개서는 한글로 초안을 작성하고, 영어로 옮기며 수정하였다. 이렇게 한 이유는 자기소개서를 처음 써 보는 유경이가 엄마의 도움을 요청했기 때문이다. 평소 "엄마는 영어 실력이 안 좋으니까 영어는 나에게 물어보지 마라."를 강조하던 엄마가 유경이를 도와주는 방법은 우리말로 먼저 작성한 내용을 살펴보며 빠진 점이나 문맥상 수정할 부분 등을 살펴 주는 것이었다. 남편이 옆에서 "우리말로 작성한 후에 영어로 옮기면 단어나 문법의 쓰임 등으로 인해 영어로 옮기기가 힘들다."고 했지만 엄마의 한계인지라 유경이가 고생을 했다. 이런 과정을 거쳐 영어로 작성된 원고는 아빠와 학원 선생님의 첨삭을 거쳐 완성되었다.

유경이는 해마다 영어 발표 대회에 참가했고, 그때마다 새로 쓴 자기소개서를 발표하였다. 지난해 쓰던 것을 그대로 발표하거나, 조금 덧붙여 발표할 수도 있었지만 시간이 지나면서 달라진 것들과 그동안 향상된 영어 실력을 반영하여 새로운 글을 썼다.

해마다 동화 구연 등과 같은 다른 형식을 취하지 않고 자기소개를 발표하도록 한 것은 한 가지라도 자신 있게 할 수 있는 것이 있어야 한다는 생각에서였다. 아이들은 이런 특별한 기회가 아니면 자기소개를 따로 준비하지 않는다. 그러므로 이것이 자신을 돌아다볼 수 있는 일 년에 한 번 찾아오는 기회였던 것이다.

처음에는 필자의 도움이 필요했기 때문에 우리말로 먼저 작성했지만 이젠 나의 도움이 크게 필요하지 않게 되었다. 그래서 이제는 처음부터 영어로 작성한다.

이렇게 초등학교 5학년부터 자기소개를 준비하다보니 어느 자리에서나 큰 어려움 없이 나서서 소개할 수 있게 되었다. 이것이 자연스럽게 면접, 즉 구술을 준비하는 작업이 되었고, 청심국제중학교와 서울 희망누리 체험단 면접에 어렵지 않게 임할 수 있었다.

대학들이 입학사정관으로 신입생을 뽑을 때 자기소개에 큰 비중을 둔다. 하지만 수험생들은 자기소개가 가장 어렵다고 말한다. 자신의 지난 이야기와 포부 등을 직접 겪은 경험과 구체적 사례를 들어 이야기해야 하기 때문이다. 이를 해결하기 위해서는 어릴 때부터의 관심과 에피소드 등 자신의 개성과 특성을 드러낼 수 있도록 연습하는 것이 가장 좋다.

입학사정관 전형

입학사정관 전형 면접은 특별한 면접 문항이 없고, 학생 개개인마다 질문 내용이 다릅니다. 이 전형은 학교생활기록부, 자기평가서, 자기소개서, 추천서 등에 쓰여 있는 내용을 중심으로 질문이 주어지기 때문에 대부분의 대학들이 수험생들에게 서류를 미리 제출하게 하고, 입학사정관이 이를 꼼꼼히 검토한 후 면접에 들어갑니다.

자기소개서를 쓰기 위해서는 나에 대한 관찰이 필요합니다.

- 나에게 영향을 준 사람이나 책, 경험 등은 무엇이 있는가?
- 나와 다른 사람들을 비교하여 나만의 독특하고 탁월한 점은 무엇인가?
- 자신이 커서 무엇이 되기를 바라며 롤 모델은 누구인가?
- 지원 동기는 무엇인가?

그동안 일기를 꾸준히 썼던 친구들이라면 일기의 도움을 받을 수도 있답니다.

면접에서 중요한 것 하나!

얼마 전 유경이와 같은 학교 1학년 엄마로부터 딸이 영재교육원 면접에서 떨어졌다며 왜 떨어졌는지 알 수가 없다는 말을 들었습니다. 면접에서 '잘 모르겠지만~', '~일 것 같아요', '생각해 본 적 없는데요'와 같은 표현은 하지 않는 것이 좋습니다. 그럼 어떻게 하는 것이 좋을까요? 자신감 있고 당당한 표현이 좋습니다. 물론 자만하게 보이는 것은 조심해야겠지요. '~입니다.', '~라고 생각합니다.'와 같이 말하도록 지도해 주세요.

원어민 영어 공부,
100% 효과를 기대하지 마라__
애니메이션으로 귀를 열자

유경이는 초등학교 4학년 때 처음 회화 학원의 문을 들어섰다. 가장 레벨이 낮은 반에 턱걸이로 들어간 유경이는 선생님께서 영어로 하시는 말씀을 들으면서 도무지 무슨 말인지 알아들을 수가 없다고 투덜대곤 했다. 그렇게 하루, 한 달, 일 년이 흘렀다. 원어민의 발음을 반복해서 듣고, 각기 다른 빠르기로 말하는 선생님들의 말에 귀를 기울이며, 그들이 가르치는 것을 알아들으려 노력하다 보니 금세 귀가 열렸고, 영어에 대한 거부감도 줄어들었다.

가끔 온 가족이 거실에 모여 월트 디즈니의 애니메이션을 감상한다. 거실 한 가운데에서 제 기능을 발휘 못해 녹슬어가던 텔레비전이 자신의 능력을 과시하는 순간이다. 우리는 애니메이션을 볼 때 음향을 생생하게 듣기 위해 우리말 녹음보다 자막을 즐기는 편이다. 그러다가 잠깐 동안 자막을 없앤다. 그렇게 하면 민구와 나는 무슨 내용인지 몰라 답답하기도 하지만 유경이가 내용을 제대로 이해하고 있는지 확인할 수 있다.

"쟤들이 웃는 이유가 뭐지?"

"누나! 갑자기 토끼는 왜 나타난 거야?"

유경이는 조금 귀찮아하기도 하지만 이것 자체가 영어 공부가 된다는 것을 안다. 매번 이런 식으로 듣기를 할 수는 없다. 그리고 처음부터 끝까지 이렇게 감상할 수도 없다. 그러면 공부라는 생각과 자신이 시험 당하고 있다는 생각 때문에 그나마 재미있던 애니메이션도 재미가 없어진다.

한 번에 뿌리를 뽑는 공부보다 가랑비에 옷 젖는 공부를 하면 부담도 적고, 재미도 있다. 이런 것이 반복될 때 효과가 높아진다.

많은 사람들이 수능을 마친 뒤 뒷사람 때문에 듣기를 망쳤노라 하소연한다. 하지만 유경이는 듣기를 할 때 환경에 크게 신경 쓰지 않는다. 옆에서 친구들이 떠들건, 동생이 이것저것 물어보건, 도로에서 차 지나가는 소리가 들리건 듣기에 집중한다. 이는 듣기를 하는 유경이의 자세가 좋음을 의미한다.

이렇게 공부한 유경이의 듣기 실력은 같은 과정을 밟는 친구들과 CNN 뉴스를 듣고 자유롭게 이야기를 나누며, 수능 듣기 문제를 하나 정도 틀리는 수준이다. 수능에서 영어 듣기 평가의 비중이 점점 높아진다고 한다. 일찍부터 알고 있었던 것은 아니었지만 결과적으로 미리미리 준비한 셈이 되었다.

필자는 원어민 교사와의 수업이 최고라고 생각하지 않는다. 다만 많은 사람들이 듣기를 잘하려면 일단 단어를 많이 알아야 하고, 숙어 등은 어느 정도 외우고 있어야 들린다고 하면서 회화 학원보다는 문법을 강조하는 학원을 선호한다. 이는 우리 어른들 시대의 공부 방법이다. 그때에는 탤런트 조형기식의 발음이 통했지만 지금은 그 발음이 유머에 지나지 않는다. 하나하나 끊어 발음했던 우리 시대의 영어가, 지금은 옆 단어와 이어져 다르게 발음되기도 하므로 과거의 공부법으로는 듣기를 잘하기 어렵다는 것이다.

영어 공부의 기초는 듣고 말하는 것이다. 아기가 어려운 단어와 복합어 등을 잘 몰라도 부모가 무엇을 말하는지 대충 알아듣게 되고 시간이 지나면서 완벽한 소통을 하게 되는 것처럼 단어는 조금 약해도 이해력이 바탕이 되면 소위 말하는 감으로 그것을 이해하게 되고, 해석하게 된다.

아이들에게 완벽한 영어를 원하기보다 조금 서툴고, 조금 틀리더라도 시간이 지나면서 자신감이 생기고, 실력이 향상되는 영어 공부 방법을 택했으면 한다.

애니메이션으로 듣기 실력을 향상시켜 주세요

애니메이션은 실력 있는 성우들이 미국 표준 발음으로 녹음하기 때문에 듣기 연습에 좋은 도구가 됩니다. 하지만 말이 너무 빠른 경우에는 듣기에 큰 도움이 되지 않습니다. 처음 시작하는 아이라면 나이나 학년에 구애받지 말고 영어 교육용으로 나온 애니메이션을 활용해 보는 것이 좋습니다. 또 긴 시간 동안 영어로 애니메이션을 시청하게 하면 재미있는 것도 지루해질 수 있으므로 분량이 긴 애니메이션이라면 일부만 자막 없이 시청할 수 있도록 지도해 주세요. 삼남매가 즐겨보던 교육용 DVD 몇 편을 소개합니다.

도라도라 : 스페인어를 하는 아이들에게 영어를 가르치기 위해 제작된 비디오이다. 우리말과 영어가 번갈아 나오기 때문에 영어를 처음 접한 아이에게 좋다.

스폰지밥 : 해양학자가 바다 생물을 주인공으로 의인화하여 만든 작품으로 재미있게 영어를 배울 수 있는 작품이다.

세서미스트리트 : 주인공 엘머의 일상을 중심으로 벌어지는 생활 영어를 접할 수 있다.

단어가 부족하면 독해가 힘들다__
단어를 내 것으로 만들기

얼마 전 유경이가 다니는 학원의 영어 선생님과 상담을 할 기회가 있었다.

"어머님! 유경이가 듣기는 잘 하는데, 독해는 떨어지네요."

"예. 유경이가 원어민 수업을 받아서 듣기는 잘하는데 단어 암기하는 걸 싫어하다 보니 독해는 떨어져요."

"단어 몇 개만 알려 주어도 쉽게 독해를 하는데, 그 단계를 못 벗어나니 안타까워요."

"이제 부족한 것을 알았으니까 잘하겠죠!"

이렇게 상담을 마쳤다. 그리고 그날 저녁 선생님께 무슨 말을 들었는지 유경이는 내게 단어 공부를 해야겠다는 말을 했다.

"엄마! 단어 공부해야 하는데 어떻게 하지?"

"그냥 외우면 금방 잊어버릴 것 같고!"

"그럼 학습일기하고 연결해 봐. 하루에 단어를 일정 분량 외우고, 그 중에 10개 정도를 이용해서 학습일기장에 쓰는 거야. 대신 단어만 쓰지 말고, 그 단어를 이용해서 한 줄씩 오늘 하루에 관한 짧은 글을 같이 써 두는 거지. 그럼 단어를 실제로 활용해 보게 되니까 그 단어 만큼은 잊어버리지 않겠지?"

유경이의 단어 암기 방법을 소개한다.

영어 선생님들은 유경이에게 동화책이나 소설책을 읽을 것을

첫째, 암기할 단어장을 고르되, 얇은 것이나 당장 공부에 도움이 되는 것으로 선택한다. 그래야만 성취도를 바로 확인할 수 있다.

⬇

둘째, 쉬운 단어는 단순하게 암기한다.
익숙한 단어들은 눈으로 보고, 소리 내어 읽어 보는 정도로 암기한다.

⬇

셋째, 어려운 단어는 체크해 두었다가 학습일기에 기록한다.
내 것으로 만들기 위해서는 그 단어를 직접 활용해 보는 것이 좋다.

⬇

넷째, 단어는 하나씩 오래 외우기보다 여러 개를 한꺼번에 외운다.
이는 하나씩 외우고자 할 경우 시간이 많이 걸리기 때문에 많은 양의 단어를 두루 살필 수 없다. 여러 개의 단어를 살펴가면서 외우되 쉬운 것은 몇 번 훑는 정도로 지나가고, 외워지지 않는 것은 표시를 해 둔다. 이렇게 하는 것이 짧은 시간에 더 많은 단어를 암기하는 효과적인 방법이다.

권하신다. 그러한 책을 읽으면 단어뿐만 아니라 그 나라의 정서를 알게 되고, 그 나라만의 속담 등도 발견할 수 있기 때문이다.

영어를 완전히 이해하는 것은 그들이 웃을 때 함께 웃을 수 있는 것이다. 그런데 말의 속뜻이나 속담 또는 유행어 등을 알지 못하면 함께 웃을 수가 없다. 그래서 동화나 소설을 통해 그들의 표현을 배우라는 것이다. 이는 단어가 바탕이 되어야 하며, 단어를 공부할 때 단어 하나만 보는 것이 아니라 단어의 앞뒤를 살펴 그 단어가 문장 안에서 어떤 뜻으로 확대 해석되는지 등을 함께 공부하라는 것이다.

영어 단어 내 것으로 만들기

영어 단어를 50개, 100개 외웠더라도 그 단어가 문장 안에서 어떻게 쓰이는지, 또 다른 뜻으로도 쓰일 수 있다는 것을 모르면 아무 소용이 없습니다. 그래서 어려운 단어나 새로 본 단어들은 학습일기 등에 정리하면 잊지 않고 기억하게 됩니다. 이때 모르는 단어를 모두 정리하도록 하면 아마도 내일은 모르는 단어가 없다고 할지도 모르니까 처음에는 분량은 적당히 조절하는 것이 좋습니다.

단어 today	사전	명:오늘, 오늘날 부:최근에
발견한 문장		
내가 쓴 문장	Today, most people don's want to bear a baby	

감동적인 문장은 바로 내 것으로 만들자＿
오버하는 영어

'by the people, for the people, of the people'

미국 링컨 대통령의 연설문 가운데 세계인이 기억하는 명문장이다.

영어일기와 영어 자기소개서 등으로 영어 실력을 다져가고 있는 민구와 유경에게 부족한 것 중 하나가 바로 문장력이다. 이러한 문장력은 글을 많이 써 본다고 해서 쉽게 길러지는 것이 아니며, 학교 공부를 열심히 한다고 해서 향상되는 것도 아니다.

감칠맛 나고, 느낌이 살아 숨쉬는 영어를 하고자 한다면 그러한 문장을 많이 만나야 한다. 그리고 그것들을 내 것으로 만들기 위한 노력을 하여야 한다.

"엄마 '험한 세상의 다리 되어'라는 게 무슨 뜻이야?"

팝송을 듣고 있던 민구가 내게 물었다.

"엄마! 'The flower that blooms in adversity is the most rare and beautiful of all'이래."

"뭐라고?"

"모든 꽃 중에서 역경을 이겨내고 피어나는 꽃이 가장 아름답대."

애니메이션 뮬란을 본 민구가 내게 말했다.

처음에는 이해가 가지 않는 어려운 문장이지만 그것이 가진 속뜻을 이해하고 나면 훌륭하고 멋진 문장으로 다가온다. 또한 우리가 발견하지 못했던 사소한 것을 일깨우는 문장은 우리에게 감동으로 밀려온다.

이렇게 신문이나 책, 그리고 노래나 영화 등을 통해 만나는 좋은 표현은 메모해 두자. 앞에서 이야기했던 영어 일기 마지막에 써 두어도 좋고, 영어 일기 속에 삽입하여 써 두어도 좋다. 또 별도의 노트를 만들어 가지고 다니며 외워도 좋다. 이런 표현들이 습관화가 되면 다른 사람과 대화할 때 매우 유용하게 활용된다.

한 발 더 나아가 문장 속 단어를 바꿔보는 훈련을 해 봄으로써 나만의 문장을 만든다. 완벽한 문장이 아니어도 좋다. 단어를 바꿀 때 'a'가 붙어야 하는지 'an'이 붙어야 하는지, 또는 'the'를 붙여야 하는지 크게 신경 쓰지 않아도 좋다. 물론 완벽할 수 있다면 좋겠지만 그보다 더 중요한 것은 좋은 문장들을 자신의 것으로 익히는 것이며, 그것들을 어렵지 않게 사용하는 것이다.

영자신문 읽기와 에세이 지도

다양한 매체를 통해 명대사나 좋은 글을 만날 수 있겠지만 영자신문을 구독하면 활자로 된 멋진 문장을 바로 만날 수 있습니다. 영자신문을 읽으면 영어 실력이 향상될 뿐만 아니라 다양한 표현들을 익히게 됩니다. 이때 기사를 함께 스크랩함으로써 그 문장이 어떤 글 속에 담겨 있었는지를 함께 살펴보면 글의 쓰임이나 글이 가진 숨은 뜻, 또는 글 속에 담긴 넓은 의미 등을 파악할 수 있답니다.

신문을 읽으며 에세이 지도도 해 보세요. 외국 대학에서 가장 중점적으로 보는 것 가운데 하나가 에세이지요. 에세이란, 형식에 구애받지 않고 생각나는 대로 보고 들은 것이나 자신의 생각 등을 자유롭게 적은 글을 말합니다.

처음 쓰는 에세이라면 간단하고 일상적인 주제에서 시작하고, 주제가 정해져 있지 않은 에세이를 쓴다면 환경, 예술, 문화 등의 주제 선정부터 신중하게 해야 합니다. 단, 부정적이거나 편견적인 내용을 담거나 사회적으로 예민한 것을 주제로 잡는 것은 위험 부담이 있답니다.

에세이는 원래 형식에 구애를 받지 않지만 우리가 에세이를 쓰는 목적이 대학 입학과 같이 제출용이 될 때에는 서론, 본론, 결론의 구조로 작성하는 것이 좋습니다.

시험 보니까 영어 공부를 한다고?__
공부하는 이유 알려주기

"언니는 중학교 3학년 때부터 영어 학원 보냈으면서 나는 왜 초등학교 4학년부터 보내?"

4학년 때부터 영어 학원을 다니게 된 유경이가 불만을 터뜨렸다.

공부를 하고 싶어 하는 아이들은 드물다. 특히 우리말도 아닌 남의 나라 말을 배워야 하므로 아이들은 두 배로 힘들어 한다. 그래서 "난 영어 안 쓰는 일을 하면서 살 거야." "난 자동 번역기 사서 쓸 거야." 등의 말로 영어를 공부하지 않아도 되는 이유를 말한다.

하지만 현실은 그렇지 않다. 일단 학교에서부터 영어를 공부하도록 지도하고 있다. 여기에서 문제가 생긴다. 아마도 영어가 놀이였다면 아이들은 얼씨구나 하고 좋아했을 것이다. 하지만 영어는 시험을 봐서 좋은 성적을 내야 하는 교과목이다.

일반적으로 아이들은 영어를 배워야 하는 이유가 학교에서 좋은 성적을 얻고, 좋은 대학에 진학하며, 좋은 직장을 얻기에 필요하기 때문이라고 생각할 것이다. 그래서 하고 싶지 않지만 억지로 해야 하고, 영어는 지겹지만 하지 않으면 안되는 공부가 된 것이다.

영어를 잘하면 옆 동네에 놀러가더라도 큰 어려움이 없다. 또 영어를 자유자재로 구사하면 다른 나라 사람들과 대화를 통해 다양한 문화와 사고들을 만나고 이해할 수 있게 된다.

"난 빵 만드는 사람이 될 거야. 그래서 영어 공부 안해도 돼." 라고 말하던 유경이는 세계적인 빠띠쉐가 되기 위해서는 영어를 잘해야 한다는 사실을 알게 되었고, 지금은 영어가 더욱 필요한 외교관을 꿈꾸고 있다. 그러다보니 영어 공부는 억지로 하는 공부가 아니라 평생 해야 할 언어가 되었다. 그래서 재미를 붙이기 시작했고, 이젠 가장 자신 있는 과목이 되었다.

이렇게 재미를 붙이게 된 데에는 특별한 경험도 한몫했다.

유경이가 다니던 초등학교는 일본의 한 초등학교와 자매결연을 맺고 있다. 그래서 한 해는 한국의 아이들이 일본을 방문하고, 다음 해에는 일본의 아이들이 한국을 찾아온다. 초등학교 5학년 때 일본을 방문한 유경이가 머물게 된 홈스테이 어머님께서 영어를 잘하시는 인도 출신이셨다. 그래서 유경이는 그 가정에 머무는 동안 영어로 대화를 했다고 한다. 유경이는 다행스럽게도 영어로 일본에 대해 이것저것 물어보았고, 놀러가서도 팸플릿 등을 챙기는 데 어려움이 없었다. 일단 숙식에서 큰 어려움이 없다보니 일본 방문이 좋았던 것이다. 국제 공용어인 영어의 위력을 일본 여행을 통해 경험한 것이다.

요즈음은 글로벌 시대라고 말한다. 세계 어디를 가더라도 영어 하나면 다양한 사람들과 이야기를 나눌 수 있게 되고, 그런 것들이 자신의 경험이 된다. 여행을 할 때에도 마찬가지이다. 필자의 주변에는 워킹홀리데이를 떠나는 대학생 친구들이 많다. 이 경우 언어가 어느 정도 뒷받침되지 않으면 취업도, 여행도, 문화 체험도 힘들다.

그러므로 '나는 영어 없이 살 수 있다.'라고 외치기보다 영어를 조금 더 열심히 해서 더 큰 꿈을 꾸고 더 큰 세상을 맛보기를 바란다.

영어는 성적을 위해 배우는 것이 아니라는 것을 깨우쳐 주세요.

영어를 공부해야 하는 이유를 학교와 연관 짓지 말아 주세요. 아이들은 공부라고 생각하면 더 하기 싫어하니까요.

다만 영어를 하면 좋은 점들을 하나씩 말해 주세요.

- 미드와 같은 영화를 제대로 즐길 수 있다.
- 여행을 하는 데 어려움이 없다.
- 만나고 싶은 유명 스타와 이야기를 나눌 수 있다.
- 더 많은 곳에서 일할 기회가 생긴다.
- 국내 무대뿐만 아니라 세계를 무대로 꿈을 펼칠 수 있다.

성적을 올려야 한다는 이유로 무조건 외우는 영어 공부와는 이제 이별을 해야만 합니다.

언니도, 아빠도 인증이 필요하다_
인증 시험에 도전하자

2010학년도까지만 해도 국제 중·고등학교에 자녀를 보내려는 부모들이 가장 먼저 시도했던 것이 영어 인증 시험이었다. 특히, 토셀과 토익은 모든 국제중학교에서 우선적으로 꼽았고, 지원자 중에 인증서 한 장 없는 학생이 없을 정도였다.

하지만 2011학년도 입학부터 인증시험이나 경시대회 수상실력은 평가에 반영하지 않는다고 한다. 그럼 인증시험은 더 이상 필요 없는 것일까? 답부터 말하자면 그렇지 않다. 오히려 인증시험이 더 필요해졌다. 다만 인증시험을 통해 따낸 인증서 한 장이 아니라 인증시험을 준비하는 학습 방식이 중요해진 것이다.

청심국제중학교를 예로 들면, 2011학년 입학 전형 방법에 지원자가 학교를 직접 방문하여 자기소개서와 학습계획서를 작성하도록 하고 있다. 그리고 서류 작성 시 각종 인증시험 및 경시

대회 수상 실적을 기록하면 불이익을 당할 수 있다고 명시하고 있다.

이는 본인의 실력과 노력을 최대한 보겠다는 취지이다. 이전까지 집에서 미리 작성해 오던 자기소개서를 이젠 학교에 방문하여 작성하게 한다는 것은 학생이 그동안 얼마나 준비되어 있는지를 직접 보겠다는 것이다. 그동안 글쓰기 공부를 꾸준히 해 온 학생이라면 이 순간이 바로 그간의 노력이 빛을 발하는 순간일 것이다.

학습계획서도 작성해야 한다. 학습계획서에는 자기주도적 학습 및 계획과 봉사 및 체험 활동의 경험과 느낀 점, 그리고 감명 깊었던 책에 관해 쓰도록 제시되어 있다.

학습계획서에는 인증시험 목표를 제시할 수 있다. 여기서 바라는 것은 인증시험을 보지 말라는 것이 아니라 단지 서류에 지금까지 딴 인증시험에 대해 언급하지 말라는 것뿐이다. 그러니 자신이 원하는 고등학교와 대학에 진학하기 위한 포부에 인증시험에 관한 계획이 기록되면 좋다.

다만 기록에 주의할 점이 있다면 이전에 학원에서 공부했던 것을, 자기주도적 학습 계획으로 담아내야 한다는 것이다. 즉, 혼자서 인증시험을 위해 어떤 노력을 할 것인지를 담아야 한다.

우리는 국제중학교가 끝인 세상을 살고 있지 않다. 앞에서도 언급했지만 대학에도 진학해야 하고, 사회의 일원으로도 활동해

야 한다. 그러기 위해서는 내가 얼마나 준비된 사람인가를 보여
주는 것이 중요하다.

구분	주관사	시험 과목	시험 빈도
토익브리지 (TOEIC Bridge)	TOEIC위원회 (미국)	듣기, 읽기	연 4회
주니어지텔프 (jR G-TELP)	국제테스트연구원(ITSC), 국제교육원(ITC)	문법, 청취, 독해	연 5회
초등영어펠트 (PELT)	한국 외국어 평가원 (한국)	듣기, 읽기	연 5회
국제영어능력검증시험 (TOSEL)	온코리아닷컴 (한국)	듣기, 읽기 말하기, 쓰기	연 2회
국제영어대회 (IET)	IET위원회 (한국)	듣기, 어휘 독해, 문법	연 2회
셉트주니어 (SEPT Jr)	YBM-S	말하기	연 1회

인증서도 목표가 필요하다

인증 시험의 경우 국제 중·고등학교와 특목고를 목표로 한다면, 크
게 중요하지 않을지는 모르겠지만 미래를 목표로 공부하는 사람이라
면 인증서 한두 개쯤은 취득해야 합니다. 대학에서 공부하는 언니도,
직장을 준비하는 오빠도, 그리고 회사를 다니고 계신 삼촌도 필요한
것이 바로 인증서입니다.

이때 다양한 시험을 모두 공략하여 텝스도 따고, 토익도 따고 하는
것보다는 학생의 실력에 맞고 학생의 목표에 맞는 시험 한 가지를 집
중 공략하여 등급을 점차 높이는 것이 더 효과적입니다.

성실함을
요구하는
수학 만점 공부법

수학의 기본은 연산이다＿
꾸준히, 그리고 성실하게

"자동차가 '1, 2, 3…', '하나, 둘, 셋…'"

유아기가 되면 놀이를 통해 수를 배우게 된다.

"빨강 사탕 한 개 더하기 노랑 사탕 한 개는 두 개야."

수를 바탕으로 한 간단한 연산 역시 연필과 학습지가 아닌 사물을 통해 익히게 된다.

이렇게 익힌 연산은 모든 수학의 기본이 된다. 이 연산은 고등학교 과정까지 이어진다. 연산은 자주, 오래 쓰는 것이기 때문에 많은 훈련이 필요하다. 하지만 아이들은 연산은 쉽다고 생각하고 무조건 잘할 수 있다고 말하면서 반복적인 훈련을 거부한다.

연산만 놓고 보면 초등학교 1학년 때는 자연수에서 덧셈 뺄셈의 가로셈을 배우고, 2학년 때는 세로셈을 배운다. 3학년 때는 자연수의 모든 사칙연산을 배우며, 4학년 때는 사칙연산을 바탕으로 큰 수나 혼합 계산, 분수를 배운다. 5학년 때는 분수의 사칙연산을, 6학년 때는 분수의 확장을 배운다.

자연수의 연산은 4년 동안 배우는 데 비해 분수의 연산은 2년 동안 배운다. 그래서 분수를 많이 다루는 중학교 수학 성적이 초등학교 만큼 나오지 않는 것이다. 따라서 중학교 성적이 좋기를 바란다면 분수의 연산 훈련을 더 열심히 하여야 한다.

초등 연산은 아이들의 말처럼 반복적으로 훈련하지 않아도 당장의 문제를 푸는 데는 어려움이 없다. 하지만 중·고등학생이 되면 문제가 복잡해지고 어려워진다. 이때 간단한 연산을 푸는 데 걸리는 시간이 많아지면 문제를 푸는 것이 어려워진다. 수학 시험을 볼 때마다 '시간이 모자란다.'는 말이 나오는 것은 바로 이 때문이다. 이를 방지하기 위해서는 반복적 훈련을 통해 빠른 연산이 가능하도록 해야 한다. 아울러 기본적인 계산은 암산을 할 수 있어야 한다. 그래야만 중학교, 고등학교에 진급하였을 때 복잡한 계산 문제도 빠른 시간 안에 풀 수 있게 된다.

그렇다고 우리 아이들이 암산왕이 되어야 하는 것은 아니다. 연산 문제만 계속 풀게 될 경우 사고력이 떨어질 수 있다는 단점이 있다.

엄마가 먼저 공부 해 보세요

조안호 저 / 행복한 나무

수학의 기초가 필요한 1, 2학년부터 수학이 흔들리기 시작하는 5, 6학년까지 어떻게 수학을 가르쳐야 할 것인지를 문제의 예시를 통해 구체적으로 알려 준다. '아이가 수학을 잘하려면 이런 문제를, 이렇게 설명해 주어라.'는 구체적인 실천법은 수학에 대한 고민을 시작하는 학부모에게 많은 도움을 준다.

중학 수학을 어떻게 잡아야 할 것인지를 알려 주는 수학 공부법에 관련된 책이다. 이 책은 고등 수학의 바탕이 되는 중학 수학의 개념을 탄탄하게 잡아 주는 데 도움이 되며, 초등학교 6학년에서부터 고등학교 1학년에 이르기까지 모든 학생들이 볼 수 있다.

수학책이야 국어책이야?__
문장제 문제

아빠(김창완) : 와! 요즘 국어책 참 재밌다.

아들(유승호) : 아빠, 그거 수학책인데요.

오래 전에 방송에 나왔던 학습지 광고 카피이다.

필자가 갈래머리 학생이었던 시절에는 누가 봐도 수학 문제임을 바로 알아차릴 수 있었는데 요즘은 '이게 수학 문제인가?' 하는 생각이 드는 문제들이 많다. 문장제 문제는 이렇게 옆에서 누군가가 퀴즈를 내는 것처럼 글로써 문제가 출제되어 있다. 이러한 문장제 문제는 초등학교에서만 출제되는 것이 아니라 중학교를 넘어 고교 수능으로 이어진다. 초등학교 때부터 훈련이 잘되어 있어야 고등학교 때까지 수월하게 풀 수가 있는 것이다. 이런 문제를 풀기 위해 가장 필요한 것은 요점을 파악하는 이해력이다. 아이들이 문장제 문제를 쉽게 풀 수 있도록 멘토링하고자 한다면 다음과 같은 능력을 키워 주어야 한다.

첫째, 문장을 읽고 문제를 찾아내라.

우선 이해력의 문제이다. 아이들은 문제를 읽고 문제가 무엇을 요구하는지를 찾아내야 한다. 하지만 이해력이 부족한 경우에는 무슨 말인지조차 알지 못한다. 이해력을 키우고 요점을 파악하는 능력을 향상시키기 위해서는 독서와 대화를 통해 끊임없이 훈련하여야 한다.

그리고 정리의 문제이다. 글이 긴 경우 지레 겁을 먹고 포기하기 쉬운데 이런 문제들은 표나 숫자로 정리해 보자. 그러면 국어라는 느낌은 사라지고, 수학이 눈에 보일 것이다.

둘째, 문제를 찾았다면 조건을 확인하라.

문장제 문제의 경우 대부분 조건이 주어진다. 그 조건이 무엇인가에 따라 대입해야 할 공식이 달라진다. 그러므로 문제 안에 나와 있는 조건을 충분히 확인하여야 한다.

셋째, 많은 문제를 풀되, 응용을 살펴라.

수학은 많은 문제를 풀어보는 것이 최고의 훈련이다. 많은 문제를 풀다 보면, 한 가지 문제가 어떻게 응용되어 다양한 유형으로 출제되는지를 알게 된다. 이렇게 유형을 비교하면서 문제를 풀면 실전에서 문제 푸는 시간을 줄일 수 있다.

그렇다고 해서 몸이 지칠 정도로 문제를 많이 푸는 것은 오히

려 해가 될 수 있다. 자신의 학습 시간 안에 할 수 있는 분량을 정
해서 하는 것이 좋다.

참고서 활용법을 소개합니다

필자는 '문장으로 되어 있으니 복잡하고 이해하기 힘들죠?'라는 말로 시작하는 '완자'의 해설을 보면서 자기주도 학습을 하는 유진이에게 안성맞춤이라 느꼈답니다. 그래서 유경이에게도 이 책을 권했지요.

유경이는 자습서(완자) 한 권과 문제집 두 권으로 공부합니다. 우선 학교 수업과 자습서를 통해 기본 원리를 다지고, 시험 기간이 되면 가지고 있는 문제집 가운데 한 권을 풉니다. 풀다가 막힌 문제가 해결되지 않을 때에는 바로 답안지를 봅니다. 답안지를 통해 문제의 풀이 방식을 익힙니다. 만약 풀이 방식이 이해가지 않을 경우에는 완자에서 유사한 문제를 찾아 해설을 참고하여 풉니다. 그런 다음, 다른 문제집에서 유사한 문제를 찾아 연습장에 풀어봅니다. 유경이는 이런 방법으로 수학을 자기 것으로 만들어가고 있습니다.

참고서를 고를 때에는 다음을 고려합니다.

국어 – 본문 설명이 구체적인 것을 선택한다.

영어 – 교과서와 같은 출판사를 찾는다.

수학 – 이해가 쉽도록 풀이된 것을 선택한다.

창의적 수학?__
창의적 문제!

똑같은 답을 요구하는 문제는 가라. 창의적 수학 문제가 아이
의 창의력을 좌우한다.

봉일, 혜지, 승희, 지민이는 모두 같은 학교에 다닙니다. 다음 대화
를 듣고 나이가 가장 어린 학생부터 차례대로 적으시오.

봉일 : 혜지는 지민이보다 나이가 어립니다.

혜지 : 승희는 봉일보다 나이가 많습니다.

승희 : 지민이는 나보다 나이가 많습니다.

지민 : 혜지는 승희보다 나이가 많습니다.

〈수학 창문(와이즈만 영재 교육) 중에서〉

이런 창의적인 문제는 받는 순간부터 '어렵다'는 생각이 절로

든다. 이 문제는 보통 수준의 아이들과는 거리가 멀다. 하지만 창의적인 문제를 자주 접하게 되면 문제 해결 능력과 수학적 창의력 및 사고력 등이 길러져서 수학에 대한 흥미를 가지도록 해 준다.

이런 문제를 다룰 때에는 한 번에 해결해야 한다는 생각을 버려야 한다. 대신 나 스스로 노력해 보겠다는 마음을 가져야 한다. 쉬는 시간이나 자투리 시간에 친구들과 함께 풀어보는 것도 좋은 방법이다.

답이 맞고 틀리고는 크게 중요하지 않다. 노력했는데도 답을 모르겠다면 답안지를 보면 된다. 우리는 아이들이 답을 찾는 창의적인 노력을 하도록 지도하면 되는 것이지, 답을 찾는 방법을 지도하는 것이 아니기 때문이다. 내가 생각한 것이 이 문제를 푸는 방법과 얼마나 근접했고, 나의 창의적 발상이 얼마나 합리적인지 등을 살피면 되는 것이다.

문제를 자주 접하고 다른 사람들과 이야기 나누려면, 문제를 가지고 다니는 것이 좋다. 그렇다고 책 한 권을 모두 들고 다닐 수는 없다. 이 경우에는 한 페이지를 잘라서 가지고 다니자. 친구들과 함께 퀴즈 게임을 하듯이 풀다보면 어느 순간 재미를 느끼게 될 것이다.

이러한 창의적인 문제는 만화를 통해 수학적인 것들이 어떤 상황에서 어떻게 연결되고, 풀이되며 증명할 수 있는지를 쉽게 알 수 있도록 해 준다. 만화를 바탕으로 창의적인 문제를 풀 때 필요한 다음 4가지를 익혀 두자.

① 문제에 제시된 상황에서 주어진 조건 찾기

② 조건으로 결론을 추론하기

③ 조건이 맞게 연결되었는지 확인하기

④ 결과 확인하기

창의적 문제가 가득한 책들을 소개합니다

우리 자녀들이 창의적인 문제를 풀어야 하는 이유는 무엇일까요? 자녀들이 대학을 들어가기 전에 치르게 될 수학능력시험에는 교과서가 그대로 출제되지 않아요. 그렇다고 해서 어느 문제집에서 그대로 출제되지도 않아요. 문제 출제에 참여했던 어느 교수의 말을 빌리면, 문제가 출제한 후 비슷한 문제가 기존의 문제집에 있는지 없는지 검열 작업을 한다고 합니다. 그래서 아무리 많은 문제를 풀더라도 똑같은 문제를 만날 확률은 거의 없습니다.

수학능력시험에서는 사고력과 창의력을 바탕으로 얼마나 잘 응용하여 풀 수 있는지를 확인하는 문제가 출제됩니다. 그럼에도 불구하고 우리 아이들은 그저 문제를 풀고 답을 찾는 것에만 열중하고 있지요.

우선 왜 많은 문제를 풀어야 하는지를 알아야 합니다. 그 이유는 그저 답을 얻기 위함이 아니라 사고력과 창의력을 기르기 위해서입니다.

눈으로 답을 찾는 아이들__
손이 함께 움직이는 수학

요즘 아이들은 수학을 눈으로 푼다. 문제지를 들여다보기만 해도 답이 보이는 모양이다. 시간이 없을 때는 더욱 눈으로 공부하게 된다. 하지만 눈으로 풀어서 좋은 성적을 내기란 쉽지 않다. 어떤 공부도 마찬가지겠지만 수학은 손을 부지런히 움직여야 공부가 된다.

손에 연필을 들고 있을 때와 눈으로 공부할 때의 차이점을 살펴보자.

1. 암산이 완벽해진다

간단한 암산이야 눈으로 할 수 있지만 수식이 복잡해지는 경우 눈으로 중간 단계를 건너뛰면 어떤 부분에서 암산이 틀렸는지 확인할 수 없다. 그러므로 자신의 머리를 무조건 신뢰하지 말고 반드시 손을 이용해서 풀어야 한다.

2. 길을 잃지 않게 도와준다

공부를 눈으로 하다보면 어디까지 갔는지 길을 잃을 때가 있다. 한 번 길을 잃으면 처음부터 다시 시작해야 하므로 시간이 배로 들게 되고, 시험에서 길을 잃을 경우에는 시간에 쫓기게 되는 결과를 가져온다. 그러므로 어디 만큼 가고 있는지 손으로 확인하면서 풀어야 한다.

3. 나의 문제를 보여 준다

손으로 푼 문제들을 들여다 보면 자신의 취약점을 발견할 수 있기 때문에 문제를 수정하고 보완해 나가는 데 많은 도움이 된다. 특히, 오답 노트나 학습일기를 활용하면 같은 실수를 두 번 하지 않게 되는 장점이 있다.

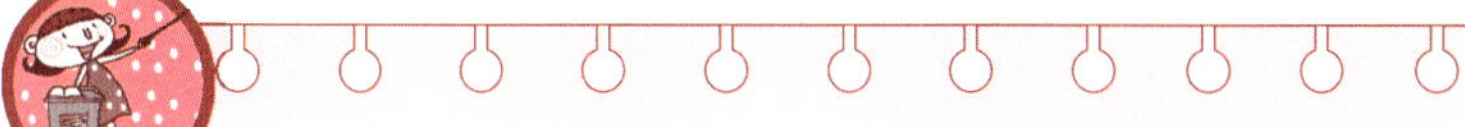

수학을 즐겁게 하는 수학놀이

아이들이 싫어하는 과목 중의 하나가 바로 수학입니다. 이러한 수학을 더욱 재미있게 만들어 주는 것이 바로 수학놀이입니다. 유경이와 민구도 수학놀이를 통해 수학에 흥미를 느끼게 되었답니다. 이제부터 어떤 놀이가 있는지 소개하겠습니다.

❶ 은물(가베)

은물은 프뢰벨에 의해 고안된 교육 놀잇감입니다. 면, 직선, 곡선, 점 등을 활용하여 수학적 개념을 이해하도록 제작되었지요. 이 도구를 통해 수 연산과 도형, 분수 등의 개념을 심어 줄 수 있습니다.

유경이는 선생님이 시키는 데로만 따라 해서 재미없다고 투덜거리면서 오래 놀지 않았지만 민구는 재미있다면서 오래 가지고 놀더군요. 그래서인지 도형이나 분수 등 수학적인 개념은 민구가 한 수 위인듯 합니다.

❷ 퍼즐

퍼즐의 종류에는 스도쿠와 같이 숫자를 이용한 숫자 퍼즐, 펜토미노와 같이 도형 분할 문제를 푸는 도형 퍼즐, 잘려진 모양과 그림을 맞추는 직소 퍼즐, 정육면체를 각 방향으로 돌려 같은 면끼리 맞추는 큐브 퍼즐 등이 있습니다. 이러한 것들은 수학의 연산, 도형 등을 놀이로 배울 수 있는 좋은 소재랍니다.

❸ 보드 게임

판 위에 말이나 카드를 놓고 일정한 규칙에 따라 진행하는 게임입니다. 이러한 게임은 순열과 연산 등을 놀이로 학습할 수 있는 도구입니다.

기초가 부족하다면?__
효과적인 수학 과외

수학은 선행이 중요하다? 물론 선행도 중요하다. 어떤 사람은 특목고를 생각하는 중학생이라면 고등학교 2학년 때까지는 반드시 선행이 되어 있어야 한다고 말한다. 그런데 이것은 어디까지나 수학을 잘하는 아이들의 이야기이다.

수학 성적이 좋은 둘째 유경이도 현재 진도를 맞추느라 선행은 생각하지 못한다. 평소 공부를 안하기로 유명하므로 선행을 할 수 없는 것이기도 하겠지만 선행은 지금까지의 과정이 모두 이해되었을 때 가능한 학습이다.

만약, 지금까지의 학습이 완전히 소화되지 못했다면 어떻게 해야 할까? 필자의 큰 딸 유진이가 이에 해당한다. 중학교 과정을 마치고 졸업을 앞두고 있지만 중학교 3년 내내 수학 성적이 그리 좋지 않았을 뿐만 아니라, 중학 과정을 모두 이해하지 못해 선행은 꿈도 꿀 수 없는 상태였다.

그래서 내린 결론은 중학교 과정을 다시 해야 한다는 것이었다. 졸업하던 해 1월부터 2월까지 두 달이 조금 안되는 시간 동안 과외 선생님을 통해 중학교 전 과정을 다시 공부했다. 그렇게 기초를 다시 학습하고 나니 고등학교 과정이 어렵지가 않았다. 물론 이과 반이었던 유진이에게 수학Ⅱ는 여전히 어려운 과목이었지만 중학교 과정의 복습으로 인해 수학Ⅰ은 내신 2등급을 유지할 수 있었다.

복습은 예습보다 중요하다. 지난 시간이 이해되어 있지 않다면 앞으로 나아갈 수가 없다. 이런 과정은 과학과 같은 과목에서도 마찬가지이다. 하지만 대부분의 부모들은 내 자녀가 다른 아이들보다 앞서가기를 바라기 때문에 거꾸로 돌아가 다시 공부하기를 원치 않는다. 단순히 '선행을 하다 보면 뒤처진 부분도 따라잡을 수 있겠지'라고 생각한다.

그러나 그렇게 공부해서는 체계적이고 구체적으로 이해할 수 없다. 간혹 풀었던 문제를 다시 풀 때 생소한 문제를 만난 것처럼 학습하는 아이들이 바로 그런 예이다. 이는 앞의 과정을 제대로 못했기 때문에 발생한다.

만약 내 자녀가 수학을 어려워한다면 어디서부터 구멍이 났는지 확인하고, 그 곳을 메우는 노력을 해야 할 것이다.

효과적인 수학 과외

필자는 유진이에게 과외를 시키기 위해 많은 곳을 알아보았습니다. 과외는 크게 세 가지 유형으로 분류할 수 있습니다. 하나는 대학생 지도이고, 다른 하나는 과외 알선 업체를 통하는 것이며, 마지막 하나는 개인적 연결로 과외만 하는 베테랑 지도입니다.

무엇보다 명심해야 할 것은 유진이와 같이 단기간에 과외를 통해 학습 능력을 향상시키고자 하는 경우라면 베테랑 과외를 선택하는 것이 좋다는 것입니다. 학교 과정을 학원 대신 과외로 소화하고자 하는 경우에는 대학생이나 과외 알선 업체를 활용하는 것이 좋습니다.

이때 반드시 확인해야 하는 것은 과외 경력과 한 아이를 얼마나 오래 가르쳤는지, 그리고 현재 몇 명 정도 가르치고 있는지입니다. 과외 경력은 아이를 다루는 것과 관련이 있기 때문에 초보자에게 맡기는 것은 위험합니다. 그리고 한 아이를 오래 가르쳤다는 것은 실력을 인정받았다는 의미이며, 현재 너무 많은 아이들을 가르치고 있다면 자칫 내 자녀에게 소홀할 수 있다는 점을 고려해야 합니다.

세상 보는
눈을 키우는
사회 만점 공부법

사회는 어려운 용어가 너무 많다 __
나만의 용어 사전 만들기

"엄마! 공공이 뭐야?"

"무슨 공공을 말하는 거야?"

"응. 공공시설이라고 할 때의 '공공'말이야. 시설은 뭔지 알겠는데 공공이 뭔지 모르겠어."

"공공이란 '여러 사람이 모여 힘을 함께 함.'이라는 뜻을 가진 단어야."

"그럼 공공시설은 여러 사람이 모여 힘을 함께 하는 시설이야? 그런 게 있어?"

"아니. 여러 사람이나 단체가 두루 써서 이로울 수 있도록 만들어진 시설을 공공시설이라고 해."

"아!"

“엄마! 오늘 사회 선생님께서 ‘쓰레기 소각장, 핵폐기물 시설 같은 시설이 필요한 줄은 알지만 우리 동네는 절대 안된다고 하는 현상이 있고, 좋은 것들은 우리 동네에 만들어 달라고 하는 이기적인 현상이 있다.’고 하시면서 이 현상을 무엇이라고 하는지 물어보셨는데 내가 ‘님비 현상, 핌피 현상’이라고 대답했어. 그런데 선생님께서 어떻게 알았냐고 하시더라고.”

“그래서 뭐라고 답했는데?”

“응. 신문에서 봤고, 엄마께서도 설명해 주셨다고 했지.”

사회에는 어려운 용어들이 많이 나온다. 사회를 잘 이해하기 위해서는 어려운 용어부터 알아야 한다. 이런 낯선 용어들을 익히는 데 있어 가장 좋은 교재는 신문이다. 신문은 정치·경제 문제는 물론 환경·국제 등과 같은 각종 사회 문제를 담고 있다.

어른들이 읽는 신문을 읽고 이해하기 힘들다면 어린이 신문을 읽어도 좋다. 어린이 신문 속에도 여러 가지 사회 문제들이 담겨 있다. 이렇게 신문을 읽으며 새로 알게 된 용어에 대해서 ‘사회 용어 사전’을 만들어 보자.

경제 용어			
뜻			
신문 속 문장			
내가 만든 문장			

신문 속에 담긴 사회는 교과서의 범위를 넘어선 사회이다. 그래서 당장은 도움이 될 것 같지 않지만, 한 해 두 해 시간이 지나 그것들이 쌓이면 사회 용어에 대해서는 걱정하지 않아도 될 것이다.

3학년 사회로의 첫발에 멘토맘이 함께 해 주세요

아이들은 3학년에 사회라는 과목을 처음 만나게 됩니다. 슬기로운 생활 즐거운 생활, 그리고 바른 생활에서 사회를 조금씩 만났던 아이들은 3학년 사회에서 고장 생활은 물론 교류, 소통 등 크고 넓고 깊은 세상을 만나게 됩니다.

어제까지 동요를 부르던 아이에게 어느 날 갑자기 어른이 되었으니 가요를 부르라는 변화와 같습니다. 즉, 가사 속에 담긴 뜻은 고사하고, 노래 속의 단어조차 이해하지 못하는 아이들에게 팝송을 외우라는 것과 같습니다. 따라서 우리말이 어떻게 소리나는지, 어떤 속뜻이 담겨 있는지, 더 넓은 의미는 없는지, 그것이 사회 속에 어떻게 나타나는지를 쉽게 설명해 주어야 합니다.

용어를 그냥 외울 것이 아니라, 한자로도 풀어보고, 그것과 비슷한 말이나 반대말도 생각해 보도록 하는 것이 좋습니다. 지금 공부하는 사회 수준에 머무르지 않고 한 발 더 나아간 사회를 알려 주어야 합니다. 그리고 그렇게 배우는 것이 실생활에서는 어떻게 나타나는지도 생각해 보도록 해야 합니다. 그래야만 나와 연결되고, 재미있는 이야기가 담긴 학습이 될 수 있습니다.

빼빼로 데이에는 빼빼로를?__
현명한 선택을 배우는 공부

"엄마 빼빼로 사게 돈 좀 주세요."

"빼빼로데이 챙기려고?"

"응. 친구들에게 하나씩 나눠 주려고."

"빼빼로데이 굳이 챙겨야겠니?"

"친구들도 빼빼로 돌리는데 나만 안 돌리면 그렇잖아."

"그럼 우리가 늘 먹던 빼빼로로 사."

"그거는 안 예쁜데!"

"엄마는 네가 어른들의 상술로 만들어진 빼빼로데이를 안 챙겼으면 하지만, 그래도 네가 친구들과 하나씩 나누어 먹어야겠다면 안 말릴게. 하지만 이왕이면 안전하게 먹을 수 있는 걸로 골랐으면 좋겠어."

"알았어요."

달력에 표시가 되어 있지도 않는데, 챙겨야 할 날들이 그리도 많은지! 화이트데이, 발렌타인데이, 블랙데이, 사과데이 등 근본도 모르는 모호한 데이들이 아이들의 주머니를, 아니 부모의 주머니를 노리고 있다.

그래서인지 이 시기가 되면 몇몇 담임선생님들께서는 아이들에게 엄포를 놓으신다.

"빼빼로 가져 오면 내가 다 빼앗아서 먹어 버린다."

어른들의 장삿속에 놀아나지 말라는 경고이기는 하지만 아이들에게 왜 하면 안되는지에 대한 자세한 설명을 해 주지 않기 때문에 아이들은 쉽게 받아들이지 못한다.

또 이미 아이들 사이에 번진 당연한 행사를 아이들에게 무조건 하지 말라고만 강요할 수도 없다. 그렇다고 무작정 돈을 주어 사탕이나 초콜릿 등을 사 오라고 할 수도 없는 노릇이다.

아이들에게 왜 이런 날을 챙기지 말라고 하는지를 설명하고, 반드시 챙겨야겠다면 현명하게 돈을 쓰도록 강조하자. 하지만 어차피 살 빼빼로라면 먹지도 못할 불량 식품을 사는 것 보다는 돈을 더 주더라도 먹을 수 있는 것을 사도록 한다. 이것이 바로 경제 공부이다.

현명한 선택은 생활로 이어진다. 문화 센터 아이들과 수업할 때의 일이다.

"애들아! 너희들 필통에 볼펜이 몇 개 정도 들어 있니?"

"5개요."

"8개요."

아이들은 제각각 자신이 가진 볼펜의 수를 말한다.

"그럼 모두가 다른 색깔이니? 혹시 같은 색 볼펜을 가지고 있지는 않니?"

"있어요. 둘 다 빨간색이에요. 하나는 채점할 때 쓰는 그냥 빨간색 볼펜이고, 다른 하나는 향기가 나는 빨간색 볼펜이에요."

"둘 다 꼭 필요한 것이니? 그리고 다른 볼펜을 가진 친구들도 잘 생각해 봐. 지금 필통 속에 들어 있는 필기구들이 꼭 필요한 것인지. 혹 친구가 가지고 있거나, 색깔이 예뻐서, 또는 향기가 나니까, 특이해서 등의 이유로 불필요한 것을 사지는 않았는지 말이야."

이러한 질문을 통해 아이들로 하여금 합리적인 소비에 대해 생각할 수 있는 기회를 줄 수 있다.

"애들아! 그렇다고 무조건 절약하는 건 좋지 않아. 그럼 경제가 잘 돌아가지 않거든. 그리고 무조건 싼 것이 가장 좋은 것도 아니야. 값어치라는 말 알지? 그 물건이 약간 비싸더라도 그만큼의 값어치를 하는 것이라면 현명한 선택을 한 거야. 만약 싼 것을 구입했는데 그만큼의 값어치도 못한다면 안되잖아?"

현명한 판단을 할 수 있게 가르쳐 주세요

갖고 싶은 것도, 하고 싶은 것도 많은 우리 아이들! 하지만 갖고 싶다고 해서 모두 가질 수 있는 것은 아닙니다. 그래서 무엇을 가지고 무엇을 포기해야 할것인지 선택해야 하고, 선택에 따라 득이 되거나 실이 될 수 있기 때문에 현명한 소비에 대해 배우는 것이지요.

하지만 실생활에서 현명한 소비를 실천하기는 쉽지 않습니다. 대학교 앞에서 어학 테이프를 파는 상인에게 속아, 물건을 산 대학생들이 한때 텔레비전 뉴스를 장식하기도 했었지요.

우리는 아이들에게 공부를 하라고 요구합니다. 하지만 아이들에게 정작 필요한 공부는 실제 생활에서 올바르게 판단할 수 있는 능력을 기르는 것입니다. 남에게 속지 않고 살아갈 수 있는, 내게 필요한 것의 우선순위를 정할 수 있는 능력과 함께 세상에는 하고 싶지만 하면 안되는, 가지고 싶지만 가질 수 없는 것들이 있다는 사실을 깨닫도록 해 주세요.

경제가 어렵다고?__
생활에서 배우는 경제

"애들아! '경제'라고 하면 무엇이 떠오르니?"

"돈이요."

경제를 주제로 초등학생들과 수업할 때의 이야기다. 사전은 경제를 인간의 생활에 필요한 재화나 용역을 생산, 분배, 소비하는 모든 활동이라고 정의하고 있다. 하지만 아이들은 경제는 곧 돈이요, 돈은 곧 경제라고 생각한다.

"애들아, 그럼 너희들은 경제 활동을 할까, 안 할까?"

"안 하죠. 우린 돈을 안 버니까요."

"아니야. 너희도 경제 활동을 하고 있어."

"우리가요?"

"문구점에서 볼펜을 하나 사는 것도 경제 활동이고, 학원을 다니는 것도 경제 활동이란다. 너희들이 직접적인 생산을 하지는 않지만 소비를 하고 있기 때문이란다.”

“아! 그렇구나. 그것도 경제 활동이었구나.”

“선생님이 얘기 하나 해 줄게. 큰 회사의 사장과 의사, 그리고 운전사가 모여 자신이 하는 일에 대한 이야기를 나누고 있었어.

운전사 : (사장을 보며) 당신은 많은 것을 생산하니 좋겠어요. 당신이 경제의 주인이네요.

사장 : (의기양양하게) 그렇소. 내가 물건을 만들어 내기 때문에 경제가 이만큼 발전할 수 있었소.

의사 : 우리 모두 생산을 하고 있답니다. 그러니 우리 모두가 경제의 주인이지요.

사장 : (의아하다는 듯) 당신은 무엇을 생산하고 있소?

의사 : 나는 눈에 보이지 않는 것을 생산하고 있어요. 바로 기술이라는 거지요. 내가 가진 기술로 사람을 고치지요.

운전사 : 그렇군요! 그리고 보니 나도 생산을 하고 있군요. 나는 차를 이용해서 물건을 이곳저곳으로 옮기니까요.

의사 : 내 병원을 찾는 환자들도 경제의 주인입니다. 그들 또한 소비를 하기 때문이지요.”

대부분의 사람들은 생산 활동을 한다. 우리가 만들어 낸 것이 눈에 보이는 것이든 눈에 보이지 않는 것이든, 눈에 보이지 않으면 생산이 아니라고 생각하기 쉽다. 경제는 돈과 함께 돌고 돈다. 하지만 돈이 경제의 전부는 아니다. 따라서 아이들에게 경제의 큰 그림을 보여 주어야 한다.

부모의 경제 활동을 설명해 주세요

부모가 어떤 경제 활동을 하고 있는지 자녀가 정확하게 알고 있나요? 대충 회사원 정도로 알고 있거나 전혀 모르는 경우도 있답니다. 부모가 하는 일이 사회의 어떤 부분을 담당하는지를 아는 것이 경제 이해의 시작입니다. 사회 생활을 하지 않는 아이들에게 사회 과목은 어려울 수 있습니다. 따라서 최대한 이해하기 쉽도록 풀어서 설명해 주세요.

1차 산업 : 자연의 모습 그대로를 생산하는 것을 말해요. 예를 들어 과수원의 사과를 따서 파는 것이 1차 산업이에요.

2차 산업 : 가공을 해서 생산하는 것을 말해요. 예를 들어 사과를 이용해 잼을 만들어 파는 것이 2차 산업이에요.

3차 산업 : 눈에 보이지 않는 서비스 등을 생산하는 것을 말해요. 예를 들어 사과를 운반하고, 잼을 운반하는 일이 3차 산업이에요.

이렇게 한 가지를 설명할 때 아이들이 이해하기 쉽도록 실생활과 연결하여 설명하는 것이 좋고 또 비교를 하는 경우에는 같은 것을 기준으로 삼는 것이 좋습니다. 가장 이해하기 쉬운 설명은 가족과 관련된 것이랍니다. 자녀들에게 부모의 이야기를 해 보세요.

돈으로 배우는 경제와 사회__
신용

"싸요 싸. 천 원이요, 천 원"

아이들이 경제에 눈을 뜨게 하고 싶다면 시장에 데려가 보자. 없는 것 빼고 모두 파는 시장은 생산과 소비가 이루어지는 장소일 뿐만 아니라 가격까지 이루어지는 장소이다.

시장에는 많은 양의 물건을 싸게 파는 도매 시장이 있고, 적은 양의 물건을 조금 더 비싼 가격으로 소비자에게 직접 판매하는 소매 시장이 있다. 그리고 인터넷이나 텔레비전으로 물건을 사고파는 홈쇼핑이라는 시장이 있다.

시장에는 물건을 생산해서 파는 생산자가 있고, 그것을 사서 쓰는 소비자가 있다. 사려는 소비자가 많으면 가격은 올라가고, 사려는 소비자가 적으면 가격은 내려간다. 이것이 유통이다.

유통이 우리 동네 시장을 넘어서 세계 시장으로 나아가면 무역이 된다.

이런 경제 활동에 빠져서는 안되는 것이 돈이다. 그럼 돈은 어떻게 만들어진 것일까? 아이들과 함께 돈의 역사와 돈이 하는 일, 돈의 가치 등을 알아보자.

우리는 돈을 은행에 저축한다. 은행은 이자를 주고 우리는 필요할 때마다 현금 인출기에서 돈을 찾아서 쓴다. 그래서 아이들은 부모가 돈이 없다고 하면 "기계에서 돈을 찾아야 해."라고 말한다. 저축을 해야 인출할 돈도 있다는 것을 아이들은 모르는 것이다. 그 이유를 아이들에게 설명해 주자. 그리고 반드시 함께 이야기해 주어야 할 것이 있다.

"엄마! 닌텐도 사 주세요."

"지금은 돈이 없어서 안 돼."

"그럼 카드로 사면 되잖아."

"뭐?"

바로 카드에 관한 것이다. 아이들은 카드를 사용하면 돈을 내지 않아도 된다고 생각한다. 카드는 일단 돈을 내지 않고 물건을 사기 때문에 좋은 것 같지만 사실은 갚아야 하는 빚이다. 그런데 이 카드도 아무에게나 발급해 주는 것이 아니다. 바로 신용이 있는 사람만이 발급받을 수 있다.

우리는 가끔 너무나 당연해서 아이들이 잘 알 것이라는 생각으로 교육을 한다. 하지만 그 당연한 것을 몰라서 제대로 이해하지 못하는 아이들이 많다. 아이들에게 기본부터 설명하자. 그러면 경제는 쉽게 다가올 것이다.

돈으로 문화도 배울 수 있어요

문화를 알고 이해하는 방법은 매우 다양합니다. 그 중의 하나가 바로 돈이지요. 돈은 물건을 사기 위해 필요한 수단이지만, 그 속에는 한 나라의 문화 또는 당시의 사회상 등이 담겨 있답니다.

어느 집이나 한두 개쯤 가지고 있는 외국돈! 그 속을 들어다보세요. 화폐에는 어느 국가나 인물이 담긴다고 생각하기 쉽지만 인물뿐만아니라 건물, 꽃, 새 등도 담긴답니다. 화폐로 문화를 공부해 보세요.

화폐로 배우는 세계의 문화(배원준 저/가교)

각 나라의 문화, 역사, 풍습을 화폐를 통해 알아봅니다. 우리나라 화폐 속에도 세종대왕 등 인물이 등장하듯 외국의 화폐에도 역사상 위대한 인물들이 등장합니다. 하지만 아무나 화폐 속에 등장하게 되는 것은 아니지요. 1권에서는 유럽의 화폐를, 2권에서는 아메리카, 중동, 아프리카, 아시아의 화폐를 살펴봅니다.

용돈 관리는 경제의 기초__
용돈 지도

"용돈 받니?"

"예."

초등학교 5~6학년생이 모인 곳과 중학교 1~3학년이 모인 곳에서 아이들에게 물어보았다. 일주일에 한 번 받는 아이들이 전체의 50%, 한 달에 한 번 받는 친구가 20%, 그리고 나머지는 필요할 때 조금씩 받거나 받지 않는다고 답했다.

한 달 동안 받는 용돈은 얼마일까?

초등학생이나 중학생이나 비슷했는데 한 달 용돈이 1만 원~2만 원정도 된다는 친구가 가장 많았고, 이 밖에는 3만 원 이상이거나 1만 원 이하인 친구들이 대부분이었다.

그럼 어떤 형식으로 받을까?

필요할 때마다 조금씩 받는다는 친구를 제외하고는 대부분 만 원짜리 지폐로 받는다고 했다.

부모들은 아이들에게 용돈을 주며 말한다.

"다 쓰지 말고 남겨서 저축해. 알았지?"

그런데 저축을 하기 위해서는 일단 만 원짜리 지폐를 가지고 슈퍼에 가야 한다. 돈을 쪼개야 하기 때문이다. 그런데 또 다른 문제가 있다. 다 쓰지 말고 남기라고 하셨으므로 일단 써야 얼마를 저축할 수 있을지가 정해진다.

그렇다면 용돈을 어떻게 주어야 하는 것일까?

예를 들어 아이에게 2만 원을 준다고 하면, 그 중 1만 원은 천 원과 오백 원으로 바꾸어 주자. 그리고 쓰고 남을 것을 저축하는 것이 아니라 저축을 먼저 하고 쓰도록 유도하자. 그렇게 하면 받은 용돈 가운데 일부를 먼저 저축한 후에 쓸 수 있게 된다.

외국의 용돈 교육을 살펴보면 다음 세 가지를 먼저 하도록 권하고 있다. 한 가지는 가까운 내일을 위한 저축이고, 다른 한 가지는 먼 미래를 위한 저축이며, 마지막 한 가지는 타인을 위한 기부이다. 우리도 이러한 용돈 교육을 해야 하지 않을까?

"용돈이 부족해 본 경험 있는 사람?"

"저요. 저는 한 달에 3만 원 받았었는데 두 달 전에 모두 없어져 버렸어요.”

“이유가 뭘까?”

“용돈을 여자 친구 선물 사는 데 모두 써버렸거든요.”

초등학교 5학년 남자 아이의 대답이다. 용돈을 규모 있게 쓰지 못하는 친구가 이 아이 하나 뿐일까?

아이들에게 용돈을 줄 때 용돈 기입장을 쓰도록 권해 보자. 그래야 용돈을 꼭 필요한 곳에 잘 썼는지 아닌지를 판단할 수 있다. 이 때 알아서 쓰라는 식으로 말을 하지 말고, 수입, 지출 등과 같은 용어의 의미는 무엇이고, 어떻게 작성해야 하는지를 자세히 설명해 주자.

외국에서는 이렇게 용돈 지도를 합니다

아이들은 용돈이라고 하면 '공돈', '눈먼 돈', '보너스' 정도로 생각합니다. 아마도 mp3, 핸드폰, 학용품 등은 모두 부모가 사 주면서 용돈은 따로 주기 때문일 것입니다.

학용품이 필요할 경우 부모가 전액을 다 지불하기보다는 본인이 일부분을 부담하고, 나머지를 부모가 부담하는 것이 좋습니다.

비싼 물건이라면 스스로 돈을 모아 사도록 유도하는 것이 좋습니다. 그래야 그 물건에 더욱 애착을 가지게 되지요. 요즘 아이들은 물건을 잃어버렸을 경우, 찾으려고 애를 쓰기보다는 '괜찮아. 또 사면 되지.'라고 생각합니다.

핸드폰 요금도 마찬가지입니다. 스스로 정해진 요금 만큼 쓰고, 요금도 자신이 낼 수 있도록 지도한 후 스스로 지킬 수 없다면 핸드폰 사용을 중지하든지, 용돈을 중지하든지 해야 합니다.

하지만 대부분의 부모들이 용돈을 별 생각없이 아이들에게 지급합니다. 그렇기 때문에 아이들은 용돈을 과자 사 먹거나, 엄마가 못 사게 하는 옷 사거나, 친구들과 어울려 사용해도 되는 돈쯤으로 여기지요.

외국의 경우 집안일을 대가로 용돈을 주는 사례가 많습니다. 이럴 경우 스스로 돈을 벌었기 때문에 돈에 대한 개념이 달라질 수 있습니다. 하지만 용돈을 어떤 일을 하도록 하기 위한 미끼로 이용해서는 안됩니다. 특히, 숙제를 잘했거나 성적이 올랐다는 이유로 돈을 주는 것은 피해야 합니다. 이런 경우, 자신이 당연히 해야 하는 일과, 가족을 위해 한 일은 확실하게 구분해서 용돈을 지불하는 것이 좋습니다.

동네 탐험, 직접 조사하게 하자__
인문 환경

"엄마! 친구들이랑 우리 동네 조사하러 가야 해."

"엄마! 동네 지도 그리러 가야 해."

"엄마! 동네에 어떤 공공 기관이 있는지 알아봐야 해."

사회는 살펴보고, 조사하고, 알아보는 것이 가장 많은 과목이다.

초등학교 3학년과 4학년 과정은 우리 동네, 우리 고장에 대한 것들에 관심을 가지도록 구성되어 있다. 즉, 우리 동네에는 어떤 공공 시설이 있는지, 우리는 어떤 자연환경 속에서 살고 있는지 살펴보도록 하고 있다.

사회 교과서가 개정을 통해 교육 내용의 폭이 넓어지고, 심화되면서 사용하는 언어도 어려워졌다. 인문 환경이라는 단어가 대표적인 예이다. 이 단어는 이전의 초등학교 교과서에서 찾아볼 수 없었다.

　초등학교 사회 과목에서는 우리 고장의 문화와 문화재, 그리고 전해져 오는 풍습 등 인문환경을 조사하고 살피도록 하고 있고, 이와 아울러 자연환경과 인문환경을 이용한 생활 모습을 파악하도록 하고 있다. 또한 우리 고장의 교통, 문화, 행정 등과 같은 인문환경의 변화를 조사하는 과정 속에서 이러한 변화가 우리들의 생활에 어떠한 영향을 미치는지 알아보도록 하고 있다. 이 밖에도 사회 과목에서는 고장의 중심지 역할이나 특징, 사람들이 고장의 중심으로 모이는 이유, 고장이 안고 있는 문제 등을 조사하고 공부하도록 하고 있다.

아이와 함께 고장을 탐구해 보세요

시장을 갈 때나 은행을 갈 때 아이와 함께 해 주세요. 아이와 함께 이 곳이 어떤 곳인지, 어떤 기능을 하는지에 대해 이야기나누다보면 자연스럽게 사회 공부가 됩니다.

　고장에 대한 구체적인 자료를 구하고 싶다면 구청이나 주민자치센터를 이용해 보세요. 고장에 대한 홍보물을 비롯하여 다양한 자료들과 통계들을 제공하고 있답니다.

서울 옆은 부산?__
지도로 가르치는 지리

"엄마! 서울 옆이 부산이야?"

아니 이건 뭐 뜬금없는 소리인가 싶었는데, '부산'이라고 표기된 고속도로 푯말을 보았기 때문에 서울 옆이 부산일 것이라 생각했던 것이다. 이 질문을 계기로 아이들에게 우리나라 지리를 가르쳐야겠다는 생각을 하게 되었다.

나는 방학이 되면 문화 센터에서 지도에 관한 특강을 한다.
"자, 오늘은 우리나라 지도를 살펴봅시다."
"자. 선생님이 나누어 준 지도에서 특별시와 광역시를 찾아보자. 특별시와 광역시는 각각 몇 개일까?"
"특별시는 한 개, 광역시는 여섯 개가 있어요."

“특별시와 광역시를 하나씩 불러보자.”

“서울, 인천, 대전 …”

“이 밖에도 여러 개의 도가 있어. 아래쪽부터 살펴볼까. 우선 제일 먼저 제주도가 있지. 제주도는 원래 전라남도에 속해 있었는데…”

“애들아! 충청도라는 이름은 충청도에 속해 있는 두 지역의 이름을 따서 만들었다고 해. 그 두 곳이 어디일까?”

“충주, 청주요.”

이렇게 동서남북으로 나뉜 행정 구역과 그 이름의 유래에 대해 설명하면서 우리나라 지도를 살펴본다.

아이들이 지리에 대해 잘 알기를 바란다면 다른 지역을 방문할 때나 여행을 떠날 때 지도를 가지고 가는 것이 좋다. 목적지로 가는 도중에 통과하는 지역을 지도에서 찾아보고, 목적지의 위치도 찾아보자.

이처럼 지도에 관심을 가지게 되면, 지도에 관련된 많은 지식, 즉 기호, 방위, 등고선 등에 대해서도 자연스럽게 알게 된다.

“엄마! 여기는 논이 층으로 이루어져 있어.”

“응. 그걸 계단식 논이라고 해.”

“아! 기억난다. 산촌 지역에서 농사를 짓기 위해 계단식으로 땅을 만든다고 했어. 그게 이거였구나!”

이렇게 아이들은 여러 촌락에 관심을 가지게 되고, 이를 통해

도시가 발달한 지역의 특징을 이해하게 된다. 이렇게 익힌 지리는 쉽게 잊혀지지 않는다.

우리나라 지리에 밝아지면 세계 지리에도 눈을 돌려보자. 아이들에게 '5대양 6대주'와 같은 세계의 모습을 보여 주자. 월드컵이나 올림픽 기간 등을 이용하여 설명하면 더 효과적이다.

지도를 5대양 6대주로 구분해 보고, 세계에서 가장 면적이 넓은 나라와 좁은 나라도 알아보고, G7 국가도 찾아보자. 그리고 월드컵에서 우리와 한 조가 된 나라도 찾아보고, 16강에 오른 나라도 찾아보자. 이렇게 지도에 눈을 떴다면 가상의 세계 여행도 떠나 보자.

어느 나라로 갈 것인가?
그 나라를 가고자 하는 이유는?
그 나라가 가진 자원과 문화는?

지도를 읽으면 세상이 한눈에 들어온다. 지리 공부는 아이들이 글로벌한 시각을 가지게 하는 데 많은 도움이 된다.

사회과부도와 가까워져요

사회과부도는 사회 교육에 필요한 정보가 가득 담긴 보물 창고입니다. 행정 구역, 산맥, 특산물, 무역 등에 이르기까지 많은 것들이 담겨 있지요. 하지만 아이들은 사회과부도를 거의 보지 않습니다. 사회과부도는 평상시에 학교 사물함에서, 방학에는 집 책꽂이에서 잠을 자다가 어느새 사라지지요.

사회과부도에는 지도만 있다고 생각하기 쉽습니다. 하지만 사회과부도 속에는 경제, 문화 등을 비롯한 다양한 자료들이 포함되어 있습니다. 따라서 사회를 잘하고 싶다면 사회과부도를 자주 들여다보는 것이 좋습니다.

큰 지도를 활용하고 싶다면 서점에 가 보세요. 서점의 지도 코너에는 다양한 크기의 지도들이 다양하게 준비되어 있습니다. 이렇게 구입한 지도를 아이들의 방에 붙여 주세요.

자녀가 색다른 공부를 하도록 하고 싶다면 백지도를 준비해 보세요. 여행한 것, 공부한 것, 알게 된 것들을 하얀 지도 위에 마음껏 기록하고 메모할 수 있도록 하면, 사회 과목에 대해 흥미를 느끼게 될 것입니다.

사극으로 역사를 가르치지 마라__
역사 바로 가르치기

"엄마! 저 왕은 지난번에 죽었는데 다시 살아났나 봐."

사극을 보고 있던 아들의 말에 온 가족이 웃은 적이 있다. 아이의 입장에서 보면, 늘 같은 인물이 비슷한 배역으로 등장하다 보니 이 사람이 숙종인지, 인종인지, 연산군인지 도무지 종잡을 수가 없었을 것이다. 드라마와 관련된 재미있는 일화는 이 뿐만이 아니다.

"엄마! 저 사람 지난번에 신하였는데 어떻게 왕이 된 거야?"

어제 끝난 사극에서 신하로 등장했던 사람이 오늘 시작하는 사극에서 왕으로 나오니 어리둥절한 것은 당연한 일이다.

사극을 보면서 생기는 문제가 어디 이뿐인가! 역사를 과장하거나 왜곡하는 일이 많으므로 아이들은 헷갈릴 수밖에 없다. 그러니 이제는 잘못된 역사를 배우지 않게 하기 위해 어릴 때부터 역사를 가르쳐야 한다.

그럼 역사란 무엇일까? 우리는 역사를 선사시대·삼국시대와 같이 너무 멀리서 찾으려고 한다. 역사는 이미 흘러간 1초 전부터 거슬러 올라갈 수 있으며, 교과서나 박물관에 있는 것이 아니라 우리 가족, 우리 학교, 우리 동네에서도 찾을 수 있다.

역사를 이해하는 가장 좋은 방법은 연표를 살펴보는 것이다. 연표는 초등학교 4학년 교과서에 처음 나온다. 이럴 때 그동안 모아둔 아이의 일기장을 활용하면 좋다. 태어난 년도부터 시작해서, 기기 시작했을 때, 엄마란 말을 했을 때, 첫 돌을 맞았을 때, 유치원에 들어갔을 때 등을 연대별로 표기하면 연표의 개념을 쉽게 이해할 수 있다.

부모가 가진 역사의 상식은 학창 시절에 배운 것이 대부분이다. 그렇다보니 아이들이 건네는 역사 정보가 부모가 아는 역사 상식과 다르기도 하고, 처음 듣는 생소한 것이기도 하다.

“엄마! 익산 미륵사지 석탑이 9층이게 6층이게 아님 7층이게?”

“엄마! 투마이 원인이 가장 오래된 사람이래.”

우리가 배운 익산 미륵사지 석탑은 9층이었으나 지금은 여러 가지 이유로 익산 미륵사지 석탑으로만 배운다. 그리고 오스트랄로피테쿠스가 인류의 시작이라는 학설도 바뀌어서 어느새 투마이 원인이라는 새로운 인류가 등장하기도 한다. 이런 것들을 따라 잡기 위해서 부모가 신문을 읽어야 한다. 역사 지식은 한 번에 습득하기 어렵다. 우선 역사에 관심을 가져야 한다. 그러기 위해서는 박물관 나들이 등으로 역사를 자주 접하도록 해 주어야 한다. 이때 한 권의 만화를 읽기보다 동 시대를 다룬 다양한 만화를 읽고 견해의 차이를 알게 하는 것이 좋다. 평소 자주 오기 어려운 박물관에 왔으니 한 번에 뿌리를 뽑아야 한다는 식의 관람은 금물이다.

사극을 볼 때 이런 점은 꼭 지켜주세요

요즘은 기록이 남아 있지 않은 가야시대의 이야기까지 등장했습니다. 사극, 역사 소설, 역사 게임 등은 역사를 어려워하는 우리 아이들이 역사에 관심을 가지도록 하는 좋은 재료가 되지요.

하지만 이러한 것들은 역사적 사실에 허구를 가미하여 쓰거나, 아예 새로운 역사를 만들어 쓰기도 하며, 우리가 알고 있던 과거를 새로운 시각에서 접근하여 바꾸어 놓기도 하지요.

역사적 지식이 없고, 비판 능력이 없는 우리 어린이들에게 잘못된 역사적 지식을 전달할 수 있기 때문에 아이들에게 '사극은 역사적 사실을 바탕으로 하고 있지만, 그 밖의 내용들은 작가가 재미를 위해 덧붙인 것'이라는 것을 알려 주어야 합니다. 그래야만 사극 속의 왜곡된 내용으로 인해 잘못된 역사 지식을 쌓는 일을 방지할 수 있습니다.

사회는 체험학습으로 다져주자__
체험학습 계획하기

"야호! 신나는 방학이다."

"엄마! 놀러가자."

"이번 방학에는 어디로 갈까? 전라도? 경상도? 강원도?"

방학을 맞이하면 대부분의 사람들이 휴가를 떠난다. 그것이 하루이든, 이틀이든, 일주일이든 간에 가족과 함께 즐거운 시간을 보낸다는 것만으로도 의미가 있다.

"올해는 제주도 어때?"

"와! 좋아, 좋아."

"그럼 여행 계획을 세워보자."

"우선 날짜와 숙소부터 잡자. 그리고 비행기 표도 알아봐야겠지?"

"제주도에서 무엇을 할 것인지도 생각해 봐야지."

"돌고래 쇼도 보고, 잠수함도 타 보자."

"자, 그럼 계획표를 만들어 볼까."

"여행 지도가 어디 있더라?"

이렇게 온 가족이 제주도 여행 지도를 둘러싸고 앉아 이야기를

일시		여행 계획 내용
9/18 (토)	아침	* 아침 식사 : 집에서 먹고 출발 – 주차(국내선 청사 2층 고가도로 1번 출구, 오렌지 색상의 모자, 02-2660-28**) – 항공권(대한 1588-20**, 제주 064-711-77**)
	점심	– 제주 공항 도착 (13:15) – 렌트카 : 공항 1층 1번 게이트 옆 * 점심 식사 : 펜션 이동 중 식사 – 숙소 : 펜션(남원읍)
	저녁	* 저녁 식사 : 서귀포 시에서 – 퍼시픽랜드
9/19 (일)	아침	* 아침 식사 : 펜션에서 – 제주 신영영화 박물관
	점심	– 정방 폭포 * 점심식사 : 서귀포시에서 – 서귀포 잠수함 선착장(문섬), 천지연 폭포, 이중섭 거리
	저녁	– 감귤 박물관 * 저녁 식사 : 펜션에서
9/20 (월)	아침	* 아침 식사 : 콘도에서 – 제주민속촌박물관
	점심	* 점심 식사 : 주먹밥 – 섭지코지, 올인하우스
	저녁	– 김녕 미로 공원 * 저녁 식사 : 공항에서 – 차량 인수

나눈다. 그리고 이것저것 알아본 다음, 여행 계획표를 작성했다.

우리 가족은 여행을 즐기는 편이다. 여행을 갈 때는 이렇게 계획을 세운 후에 움직인다. 여행을 하다 보면 계획대로 움직여지지 않을 때도 있지만 계획이 있으면 좀 더 체계적으로 여행을 즐길 수 있다.

체험을 위한 준비

언제? – 체험에도 어울리는 때가 있다. 가을에 딸기 따기 체험을 할 수는 없다.
어디로? – 체험은 박물관, 체험학습장 외에도 어디에서나 가능하다.
무엇을 체험할 것인가? – 체험지에서 어떤 체험을 할 수 있는지를 조사한다.
왜 그것을 체험하려 하는가? –
필요한 것은? – 간식, 카메라, 모자 등

체험 정보 찾기

조사하기 – 책이나 인터넷 통해 체험할 것에 대해 미리 학습하기
체험학습 계획 세우기

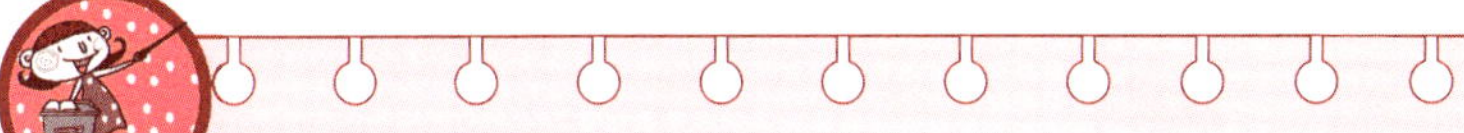

아이와 함께 해 주세요

여행 계획을 세워서 움직이는 것이 좋다고 이야기하면 대부분 부모들은 자신들의 생각 대로 계획을 세우는 경우가 많다. 아이들이 여행의 주체가 되도록 하고 싶다면 여행 계획표를 만드는 단계에서부터 아이들을 참가시키는 것이 좋습니다. 지도를 보며 방문하게 될 지역을 살펴보고, 둘러볼 관광지나 문화재까지의 이동거리 등에 대한 이야기를 나누는 과정을 통해 아이들이 여행을 마음껏 즐길 수 있는 환경을 만들어 주는 것이 좋습니다.

방문할 지역에 대한 정보를 알고 싶다면 지역 홈페이지를 이용해 보세요. 주요 문화재나 관광지에 대한 정보, 숙박이나 먹거리, 특산물 등이 자세하게 안내되어 있습니다. 만약 온 가족이 함께 홈페이지를 보며 의논하는 것이 여의치 않거나 인쇄된 팸플릿을 받고 싶다면 지역 시청 등에 문의해 보세요. 지역 지도에서부터 다양한 팸플릿을 우편으로 받아볼 수 있답니다.

내가 경주에 갔었다고?__
대화로 체험 UP

"엄마! 신문에 경주에 관한 기사가 실렸는데?"

"너 예전에 경주에 갔었잖아."

"내가? 언제?"

아이들은 오래 전에 간 곳에 대해 기억하지 못할 때가 있다.

그도 그럴 것이 부모들이야 학교에서 배웠던 것이나 사회를 통해 알게 된 것을 여행을 통해 느끼게 되지만 아이들은 아직 배우지 못했거나, 그에 대한 정보가 많지 않기 때문에 여행지에 대한 기억이 오래가지 않는 것이다.

"봐라, 얼마나 웅장하고 멋지니?"

"이게 뭐가 멋져?"

진열장에 즐비하게 늘어선 유물들이 부모들의 눈에는 역사를 증명하는 대단한 것으로 보이지만 아이들 눈에는 그저 그런 또 하나의 지루한 옛날 물건으로 밖에 보이지 않는다.

이는 시각과 생각의 차이에서 발생하는 것이므로 부모가 어떤 느낌이나 추억을 가졌다고 해서 자녀도 그러할 것이라는 생각은 잘못된 것이다. 즉 부모에게는 커다란 추억을 남긴 여행이었을지라도 자녀에게는 별 재미없는 여행으로 기억될 수도 있다는 것이다.

우선 여행이 오랫동안 기억되기를 바란다면 아이들과 체험에 대한 이야기를 많이 나누어보자.

"우와! 이 한복은 멋진데! 음. 이건 왕가의 옷이라고 쓰여 있네. 엄마 옛날에 태어났더라면 이 옷을 입고 있었을 거야."

"에이. 박혁거세가 살던 시대에는 저런 옷이 아니었지. 나야말로 저런 비단 옷을 입었을 거야. 왕가의 자손은 아니었어도 양반의 자손이었으니까. 너희도 저런 옷을 입었을 거야."

이렇게 대화를 나누다 보면 여행 중에 만나는 모든 사물들이 추억으로 변하게 될 것이다. 이런 이야기는 꼭 교육적이어야 할 필요는 없다.

"우와! 저 기둥 진짜 둥글고 통통하다!"

"저거 배흘림기둥이라는 거잖아."

"그게 뭐야?"

"응. '무량수전 배흘림기둥에 기대서서'라는 책이 있는데 거기서 말하는 배흘림기둥이 저거거든. 사실 엄마도 이 건물이 부석사

무량수전이라는 거 밖에는 잘 몰라. 대신 집에 가면 그게 뭔지 같이 찾아보자.”

대화를 나누다보면 부모가 모르는 것들을 아이들이 물어보기도 한다. 이 경우에는 둘러대는 것보다 솔직하게 모른다고 말하고, 함께 알아가는 노력을 하는 것이 좋다. 만약 대충 둘러댔는데 나중에 알게 된 답이 그것이 아닌 것을 알게 되면 부모의 신용도가 모른다고 말했을 때보다 더 떨어지기 때문이다.

대화는 이렇게 해 주세요

우선 그동안 대화가 많지 않았던 가정이라면 가족 구성원에게 앞으로 대화를 많이 나누자는 제안을 해야 합니다. 엄마 혼자 대화의 중요성을 느껴 이것저것 말하다보면 자녀는 부모의 갑작스런 변화에 어리둥절하게 됩니다.

대화를 나눌 때에는 단정지어 이야기하거나, 명령조로 이야기하는 것을 피해야 합니다. 아이들 입장에서 ‘밥 먹어’, ‘얘기 해’는 명령이지 대화가 아니기 때문입니다.

그리고 서로의 말을 들어 주려는 노력 또한 필요합니다. 나의 말만 하고 상대방의 말을 들어 주지 않으면 그것은 대화가 아니라 일방적인 외침입니다.

도대체 뭘 쓰지?__
체험학습을 기록하는 방법

"민구야! 유리 앞에서 뭐 하는 거야?"

"응. 여기 쓰여 있는 거 옮겨 적고 있어."

"민구야! 그건 집에서 인터넷으로도 볼 수 있어. 그러니까 쓰고 싶으면 인터넷 검색하기 편하게 제목 정도만 기록해 둬."

"아! 그런 방법이 있었구나!"

박물관이나 전시관을 방문하는 아이들은 약속이나 한 듯이 손에 메모지와 볼펜을 들고 있다. 건물 내부로 들어선 아이들은 정작 전시물들은 보는 둥 마는 둥하고, 왜 베껴 쓰는지 이유도 모른 채 열심히 베껴 쓰기에 바쁘다.

"민구야! 그런데 왜 베껴 쓴 거야?"

"선생님께서 전시관 관람할 때는 메모하라고 하셨어."

"선생님이 말씀하신 메모가 베껴 쓰는 것을 말하는 걸까?"

“그럼 아니야?”

“아마도 선생님께서 메모하라고 하신 것은 전시물을 보았을 때 네가 느낀 것, 들은 것 등을 적으라고 하신 것이었을 거야.”

“아, 그런가!”

아이들은 메모하라는 말만 기억하지, 무엇을 어떻게 메모해야 하는지 모른다. 그리고 그 메모를 어떻게 활용해야 하는지도 모른다. 이 메모는 일기를 쓰거나, 기행문, 또는 보고서를 작성하는 데 도움이 되기 위해 필요한 것이다. 그러니 전시물에 쓰인 내용이 중요한 것이 아니라 내가 느끼고, 생각한 것이 필요한 것이다.

체험하기
안내 책자, 팸플릿, 기념품 등
체험지에서 본 것은?
체험지에서 들은 것은?
체험지에서 직접 체험한 것은?
사진으로 남길 것은?

정리하기
체험이 한눈에 들어올 수 있는 제목 정하기
본 것, 들은 것, 한 것, 새로 알게 된 것 정리하기
글과 그림으로 체험학습 보고서 쓰기

체험학습을 다녀왔다면 기록으로 남겨 두자. 앞에서 이야기했듯이 추억이 될 것이 남아야 오래 기억된다. 이 기록이 바로 체험을 추억으로 만들어 주는 하나의 과정이기 때문이다. 하지만 전시장에서 그렇게 열심히 쓰던 아이들이 집에서는 쓰기 싫다며 돌변한다. 그 이유는 생각을 담아 써야 한다는 부담과 긴 글을 자세히 써야 한다는 어려움이 있기 때문이다. 처음 써 보거나, 정해진 보고서 형태가 있는 경우가 아니라면 일기에 간단하게 기록하거나, 다음과 같은 표에 간단히 기록하게 해 보자.

언제, 어디로, 누구와 함께, 무엇을 체험하기 위해, 어떻게 이동하나요?	2010.09..03. 별마로 천문대, 가족과 함께. 하늘의 별 관측, 아빠의 차를 타고
이 체험을 선택한 이유는 무엇인가요?	별지기 아저씨가 들려 주는 별 이야기를 읽다가 별을 실제로 보고 싶어져서
이 체험을 위한 준비물은?	책, 마실 물, 갈아입을 옷,
체험하기 전에 조사한 것은?	별마로 천문대의 위치, 우리나라 천문대 등
체험한 것은?	
체험하기 전에 조사한 것은?	
나의 생각과 느낌	

이런 형태의 기록이 어렵지 않다고 느껴질 때 그림으로 표현하고, 신문 형태로 나타내기도 하며, 아트북 형식의 책으로 만드는 등 업그레이드가 가능해진다.

어디로 갈까 고민하시나요?

그러면 사회 교과서를 펼쳐 보세요. 우리 아이가 사회를 즐겁게 공부하고, 이해의 폭을 넓혀 주기 위해 둘러보아야 할 곳들이 교과서 곳곳에 담겨 있답니다. 그러므로 어디로 가야할지 고민하지 마세요.

사회 교과서에 나온 곳을 가게 되더라도 사회 교과서를 아이의 손에 쥐어 주어서는 안됩니다. 체험은 그것을 통해 즐겁게 느끼고 배우게 해 주어야 하기 때문입니다. 체험이 공부가 되면 하기 싫은 일이 될 수 있습니다.

그래도 이왕 가는 거 공부에 도움이 되게 하고 싶다면 엄마가 먼저 사회 교과서를 살펴보세요. 그곳에 가서 보고 와야 하는 것이 무엇인지, 무엇을 느끼고 와야 하는지 등을 기록하였다가 체험지에서 아이들과 함께 이야기를 나누어 보세요. 그렇게 하면 자연스럽게 학교 공부에 도움이 된답니다.

원리와 창의력을 키우는 과학 만점 공부법

돋보기 들고 들로 산으로 가자__
재미난 곤충채집

아이들과 여행을 자주 하면 공부에 도움이 될 뿐만 아니라 아이들의 정서에도 좋은 영향을 미친다. 그 중에서도 산을 주제로 한 여행은 자라는 아이들에게 자연의 소중함과 생명의 탐구라는 선물을 안겨 준다.

한 때 방학이면 식물 채집과 곤충 채집이 단골 과제로 등장하던 때가 있었다. 1993년 어느 신문의 독자의 편지란에 '초등학교 과제물 곤충 채집 없애자'라는 제목의 글이 실렸다. 이 글은 다음과 같다.

한 학생이 곤충을 10마리씩 채집한다고 보면 전국적으로 많은 숫자가 될 것이다. 이런 실태로 보면 머지않아 결국 많은 곤충들이 멸종될지 모른다. 우리 학생들에게 자연의 중요함을 가르쳐야 할 현실임을 생각할 때 이

율배반적인 곤충 채집 과제는 지양해야 한다.

그리고 이틀 뒤 그 자리에 '국민학교 학생 과제물 곤충 채집 생태계 변화 초래는 과장'이라는 제목으로 어느 초등학교 과학 선생님의 의견이 실렸다. 선생님의 의견은 다음과 같다.

곤충의 멸종 위기는 과도한 농약 사용이나 각종 오염의 가속화, 일부 몰지각한 사람들의 상업적 포획 때문이지, 어린 학생들의 자연 탐구 과정의 일부로 이루어지는 잠자리, 나비, 매미 등의 채집이나 표본화가 생태계에 절대적인 영향을 미치는 것이라고는 생각지 않는다.

자연문맹에 가까운 요즘 어린이들에게는 자연을 바르게 알고 느끼게 하기 위해서라도 세심한 배려(종과 개체 수의 제한 등) 아래 권장되어야 할 일로 믿는다.

처음 글을 읽었을 때는 채집이 좋은 일이 아니라고 생각에 동감했고, 원래 좋아하지도 않던 채집이니 내 자녀에게는 시키지 말아야겠다고 느꼈다. 그런데 이틀 뒤 실린 글을 보며 '그래. 전국적으로 채집을 하는 아이들이 과연 몇 명이나 되겠어. 그리고 채집을 통해 자연을 소중히 하는 마음도 기를 수 있도록 교육하는 것이 오히려 자연에게 더 좋은 일이 아닐까!'하는 생각을 하게 되었다.

이후 수목원이나 산림 지대를 여행하게 될 때면 아이들과 함께 풀과 나무들에 대해 이야기 나눈다. 벌레를 싫어하는 큰 딸 덕분에 채집은 하지 않지만 동물의 생김새와 동물의 분류에 대한 이야기를 주로 나눈다. 이를 통해 자연을 보호하는 마음을 키우면서, 덤으로 학습 능률까지 올리고 있다.

들이나 숲으로 자주 나가기 어렵다면 집에서 동식물을 키워 보자. 필자의 집은 거짓말 조금 보태어 작은 밀림이라고 해도 지나치지 않다. 필자의 집에는 많은 나무들과 다양한 물고기들, 그리고 민구가 종종 데려오는 장수풍뎅이나 애벌레 등이 많다.

필자처럼 집 안을 밀림으로 만드라는 이야기는 아니다. 하지만 가을을 보내고, 겨울을 난 나무들이 봄이 되고 여름이 되면서 무럭무럭 자라나는 모습을 보면 아이의 마음도 함께 자라날 것이다.

알면 더 재미있어요

혹시 숲에서 이런저런 설명하시는 분을 만난 적 있나요? '어떻게 저런 것까지 다 알고 계시지?'하는 생각이 들 정도로 산에 대해 많은 것을 알고 계시지요.

산림청은 1999년부터 국립자연휴양림, 국립수목원 등에서 숲해설가 제도를 운영하고 있어요. 현재는 더 많은 산과 숲에서 숲해설가들이 활동하고 있는데, 시민 단체에서 활동하는 숲해설가들도 생겨났답니다.

어떻게 이용하냐구요? 자신이 가게 될 자연 휴양림, 수목원 등의 관리소에 문의하거나 지방 산림청 홈페이지를 통해 신청하면 됩니다. 이런 제도는 미국, 일본, 스위스, 독일 등지에서 비슷한 형태로 운영되고 있어요.

자. 어때요? 이제 자녀와 산을 만나는 것도 두렵지 않으시죠? 엄마가 미리 자연을 알고 싶다면 다음과 같은 책들을 추천합니다.

애들아 숲에서 놀자(남효창 저 / 추수밭)
숲은 더 큰 힉교입니다(최소영 저 / 랜덤하우스코리아)
자연 뒤집어 보는 재미(박병권 저 / 이너북)
살아 있는 생태 박물관(서정화, 박경현 외 3명 저 / 채우리)
열두 달 자연놀이(붉나무 저 / 보리)
우리나라 자연 놀이도감(오세기 저 / 서울문화사)
자연 탐험놀이(마리 엘렌느 플라스 저 / 청어람미디어)
자연도감(사토우치 아이 저 / 진선BOOKS)
놀이도감(오쿠나리 다쓰 저 / 진선BOOKS)

글로 설명한 과학, 외우지 말자 __
자연사박물관 활용

교과서는 아이들에게 과학을 글로 설명하고 있다. 따라서 과학은 이해하기 힘들고, 외우기 어려운 과목이다. 이럴 때는 주변의 과학관과 자연사박물관을 찾아가보자. 이곳에는 교과서를 보다 쉽게 이해할 수 있는 입체적인 전시물들이 많다.

민구는 자연사박물관을 찾을 때 박물관에 관련된 책을 미리 읽는다. 물론 만화로 말이다. 예를 들어 서대문 자연사박물관을 찾을 때는 '공룡 백과'를 비롯하여 'Why 공룡, Why 지구, Why 파충양서류 등을 읽는다. 이러한 책을 읽고 박물관에 가면 전시된 것들을 더 쉽게 받아들이게 된다.

이렇게 계획을 하고 책을 읽은 뒤 과학관을 찾을 수도 있지만 평소 자녀가 무엇에 관심이 있는지 살핀 뒤 그와 관련된 자연사박물관으로 가면 좋다. 얼마 전 동생의 집에 갔는데 조카가 교육 방송에서 방영한 '한반도의 공룡'을 재미있게 보고 있었다. 그래서 동생에게 '서대문 자연사박물관'을 이야기하니 한번 가 봐야겠다고 했다. 이처럼 자녀가 관심 가진 부분에 대한 과학관이나 박물관을 찾아가는 것도 좋은 학습이 될 수 있다.

만약 과학관이나 자연사박물관을 방문하기 어렵다면 인터넷 속 과학관과 자연사박물관을 방문해 보자. 사이버 과학관과 전시관은 우리 친구들이 과학을 더욱 친근하게 느끼도록 해 줄 것이다.

국립중앙과학관	대전광역시	www.science.go.kr
국립과천과학관	경기도 과천시	www.scientorium.go.kr
국립서울과학관	서울특별시	www.ssm.go.kr
국립대구과학관	대구광역시	www.dnsm.go.kr
국립광주과학관	광주광역시	www.gnsm.go.kr
신라역사과학관	경북 경주	www.sasm.or.kr
서대문 자연사박물관	서울특별시	http://namu.sdm.go.kr
부산 해양 자연사박물관	부산광역시	http://sea.busan.go.kr
충남대 자연사박물관	대전광역시	http://nhm.cnu.ac.kr
우석헌 자연사박물관	경기 남양주시	www.geomuseum.org
지당 자연사박물관	충남 공주시	www.jidang.co.kr
경북대 자연사박물관	경북 군위군	http://mnh.knu.ac.kr
해남 땅끝 해양 자연사박물관	전남 해남군	www.tmnhm.com
장흥 정남진 천문과학관	전남 장흥군	http://star.jangheung.go.kr
영천 보현산 천문과학관	경북 영천시	www.staryc.com
충주 고구려 천문과학관	충북 충주시	www.gogostar.kr
수산과학관	부산광역시	http://fsm.nfrda.re.kr
통영수산과학관	경남 통영시	www.tongyeong.go.kr/ty/mc
국립중앙과학관 사이버 과학교실	http://cybwas.science.go.kr	
국립과천과학관 사이버 전시관	http://cyber.scientorium.go.kr	
부산 사이버 해양 박물관	www.seaworld.busan.kr/	

박물관 에티켓을 가르쳐 주세요

우리는 박물관 안에서 지켜야 할 에티켓들을 얼마나 알고 있을까요? 학교에서는 이러한 것들을 가르쳐 주지 않기 때문에 제대로 된 지침서도 없고 무엇을 어느 수준까지 지켜야 하는지 잘 알지도 못합니다.

짧은 반바지에 슬리퍼를 끌고 외국의 박물관에 들어가던 우리나라 관광객이 제재를 받아 박물관을 관람하지 못했다는 이야기처럼 우리나라에서는 딱히 룰이라는 것이 없어요.

그런데 박물관 곳곳에 붙은 안내문에 조금만 관심을 가지면 어떤 것들을 지켜야 하는지 알 수 있어요.

'전시품을 만지지 마세요.'

'전시장 유리에 기대지 마세요.'

'전시물을 위해 플래시 사용을 금지합니다.'

'전시장 내에서는 음식물 반입이 안되니 다 드신 후에 입장하세요.'

국립민속박물관 홈페이지 속 관람 안내 게시판에는 '멋진 관람, 우리들의 약속'이라는 관람 문화 개선 애니메이션이 있습니다. 자녀와 함께 시청해 보세요.

민구와 유경이의 과학 __
놀이로 즐기는 과학

백악기, 주라기 등 어려운 과학을 잘하는 민구, 반면 아무리 공부해도 과학이 어렵다는 과학 영재 유경. 이 둘의 차이는 무엇일까? 바로 놀이이다.

민구는 어릴 때부터 집 앞의 작은 화단에 나무를 심고, 제각각 다른 모양새를 하고 있는 나뭇잎을 관찰하며 자연을 놀이로 즐겼다. 자연을 보고 듣고 냄새 맡으며, 넝쿨나무와 키 작은 나무의 차이를 자연스럽게 알아갔다. 멀리 가지 않고 집 앞, 옆 집 감나무, 그리고 뒷동산의 나무들을 보며 자연을 벗삼아 놀았기 때문에 과학은 늘 민구와 함께 있었다.

장난감도 블록이나 레고 등을 즐겼다. 쌓고, 조립하는 과정을 통해 수학적인 학습과 과학적인 원리를 동시에 향상시켜 나갔다.

레고로 청소기를 만들어 엄마와 함께 청소를 했고, 블록으로 다리와 도로를 만들면서 과학적인 원리를 깨우쳤다.

반면 과학 영재였던 유경이는 보통의 여자아이들처럼 소꿉놀이와 인형놀이를 즐기지는 않았지만 민구 만큼 과학적인 놀이가 생활화되어 있지 않았다. 유경이의 성격 탓이거나 부모의 교육 방법 때문이겠지만 합리적으로 판단하는 일에 익숙해져서 자연을 그대로 받아들이는 것에 인색했다.

처음 과학을 시작하는 접근 방법에서부터 차이가 있다 보니 과학을 공부하는 측면에서 많은 차이가 났다. 민구는 책이나 자연 등에서 보여 주는 과학을 자연스럽게 받아들이고, 그 원리도 어렵지 않게 풀어나간 반면, 유경이는 처음부터 원리를 이해하느라 힘들어 했다.

과학을 잘하게 하고 싶다면 지금부터라도 놀이 방법을 바꿔 보자. 두루마리 휴지 관으로 쌍안경도 만들고, 물·쥬스·우유를 얼려 먹으면서 어는점도 비교해 보고, 실 전화기로 소리의 진동도 알게 해 보자. 이런 과학적 놀이가 과학을 쉽게 받아들이는 밑거름이 될 것이다.

그리고 아이와 대화하면서 과학적 원리에 물음표를 달아보자. 예를 들어 '바이킹의 원리는?', '롤러코스트의 원리는?' 앞에서도 말했지만 부모가 이 모든 답을 알고 있어야 하는 것은 아니므로 겁내지 말자. 다만 아이와 함께 찾고 조사하는 노력은 게을리하지 말자.

공부에 유익한 잡지들을 읽혀 주세요

잡지는 공부라는 개념보다 흥미나 재미로 다가오기 때문에 아이들이 부담 없이 읽을 수 있는 미디어입니다. 유익한 잡지 몇 권을 소개합니다.

❶ 과학 전문 잡지

– 네이처 : 미국에서 발행하는 잡지로 물리학, 의학, 생물학, 화학, 우주과학 등 과학 전반에 대해 전문적으로 다루는 잡지이다.

– 뉴턴 : 특정 주제를 집중적으로 다루고 있다. 과학에 관심을 가진 이들에게 적합한 잡지이다.

– 과학소년 : 교원이 발행하는 월간지로 과학에 특별히 관심을 가지지 않아도 재미있게 읽을 수 있도록 구성되어 있다.

– 과학동아 : 동아일보사가 발행하는 월간지로 현 시대의 주요 과학 내용을 다루고 있다.(어린이 과학동아와 과학동아 두 종류가 있음.).

– 과학쟁이 : 웅진씽크빅이 발행하는 주니어 월간지로 초등학생 눈높이에 맞추어 재미있고 쉽게 구성된 잡지이다.

❷ 시사 관련 잡지

– 위즈키즈 : 교원이 발행하는 주니어 월간지로, 시사적인 문제를 여러 가지 측면에서 생각해 보고 의견을 낼 수 있도록 구성되어 있다.

– 생각쟁이 : 웅진씽크빅이 발행하는 주니어 월간지로, 21세기의 위인을 주로 다루고 있다.

– 어린이동산 : 농민신문사에서 발행하는 잡지로 초등학생 눈높이에서 다양한 주제를 다루고 있다.

영재 교육원에 간 유경__
고학과 영재 교육

유경이는 과학이 어렵다고 말하는 아이다. 그래서 과학과 좀 더 친해질 수 있도록 하기 위해 집 주변에 있는 과학 전문 학원을 1년 정도 보냈다. 실험과 실습을 통해 공부를 하다 보니 더 쉽고 재미있다고 했다. 이렇게 교육 받은 것이 자신의 실력이 되어 선생님들로부터 과학을 잘하는 아이로 평가 받았다. 이로 인해 학교장 추천을 받아 5학년에 처음 영재 교육원의 문을 두드렸다. 결과적으로 유경이는 떨어졌지만 이것이 계기가 되어 과학 우수 학교 등 다양한 과학 교육을 받을 수 있었고, 발명대회 등 크고 작은 대회에서 상을 받을 수 있었다.

중학교 1학년에 관악구에서 진행하는 '관악 과학 영재', 그리고 서울특별시에서 진행하는 '서울 과학교실 영재'로 모두 선발되어 서울대학교에서 영재 교육을 받았다. 1학년을 마칠 무렵 2학년 과정을 계속할 것인가 말 것인가를 두고 많은 고민을 했던 유경이는 자신의 꿈에서 점점 멀어질 것 같아서 영재 교육을 그만 두었다. 사실 부모로서 아쉬운 부분이지만 유경이의 선택을 존중했다.

유경이는 과학 영재가 아니었다. 다만 자신이 잘하지 못하는 것을 더 쉽고 재미있게 공부하기 위해 시작했던 실험과 실습 위주의 사교육이 유경이를 영재로 만들었다. 유경이는 지금도 과학이 제일 어렵다고 말한다. 이는 유경이의 과학 성적이 증명해 주고 있다.

자녀가 수학이나 과학에 흥미를 가지고 두각을 나타낸다면 영재 교육원에 지원해 보자. 영재 교육원은 이름에 걸맞게 수학과 과학에 관심 있는 학생들에게 학교 과정보다 수준 높은 실험과 실습을 제공한다. 또한 기관에 따라 무료인 곳도 있기 때문에 교육비를 걱정하지 않아도 된다.

우선 영재 교육원에 원서를 내기 위해서는 학교장의 추천이 필요하다. 학교장 추천의 경우 인원이 많지 않다면 문제되지 않지만 대부분 교내 대회를 거쳐 학교장이 추천을 하게 된다. 가끔 교내 대회가 있었는지도 모르고 지나가는 경우가 많은데 이는 선생님들의 추천에 의해 한 번 걸러지기 때문이다. 만약 수학이나 과학 영재 교육원에 관심이 있다면 다음과 같은 방법으로 자녀가 이 분야에 재능이 있음을 알리는 것이 좋다.

① 자녀에게 교내 대회는 모두 참가하도록 얘기해 둔다. 많은

대회는 상이 목표가 아니라 자신감을 목표로 한다. 부담이 없다면 부모에게 대회가 없다고 속이거나 하는 일이 없다.

② 담임선생님과의 통화나 면담을 통해 아이가 과학에 관심이 있으니 교내 대회가 있으면 알려 달라고 부탁한다.

③ 담당 선생님과의 통화나 면담을 통해 '아이가 과학에 관심이 많다. 조언해 달라.' 정도로 이야기해 둔다.

하지만 부모들이 반드시 알아 두어야 할 것은 우선 과학에 재미를 붙여야 영재가 될 수 있다는 것이다. 억지로 영재가 되라고 시키면 아이를 영재로 만들 수 없다.

다양한 영재 교육원을 소개합니다

엄마의 정보력은 정말 중요합니다. 우리 주변에서는 과학이나 수학 이외에도 음악과 미술에 두각을 나타내는 아이들을 대상으로 한 영재 교육이 이루어지고 있습니다. 여기서는 과학 영재 교육원을 살펴보겠습니다.

❶ 교육청 주관 영재 교육원

초등학교 3학년에서 중학교 2학년을 대상으로 실시하는 이 교육은 1차 학교장 추천, 2차 영재성 판별 검사, 3차 학문 적성 시험, 4차 면접으로 선발한다. 그런데 영재성 판별 검사가 해당 분야에 대한 판별이 아니라 말 그대로 전체적으로 영재인지 아닌지를 판별하는 검사이기 때문에 과학적으로 재능이 있는 영재라고 하더라도 떨어지는 예가 많다.

❷ 대학 부설 영재 교육원

학교마다 대상 학년이 다르며 홈페이지를 통해 모집 시기와 전형 방법 등을 안내하고 있다. 집과 가까운 거리의 대학에서 영재 교육을 하고 있다면 응시해 보는 것도 좋다.

❸ 교육청 주관 우수 학교

각 교육청마다 상황은 다르지만 서울의 경우 11개 교육청에서 우수 학교 프로그램을 실시하고 있다. 1차 학교장 추천, 2차 면접으로 선발한다.

❹ 시도 주최 영재 교실

시도마다 다르지만 서울특별시의 경우 중학교 1학년을 대상으로 1차 학교장 추천, 2차 해당 분야에 대한 수상 실적과 성적, 3차 면접으로 선발한다. 이 경우 해당 분야에서 두각을 나타내는 학생을 대상으로 대학에서 교육을 실시한다.

과학 시험 잘 보는 비법__
선생님과 원리를 잡아라

"엄마! 이거 안 외워져."

과학 영재 교육을 받은 유경이는 영재라기보다 보통 아이에 가깝다. 따라서 실험과 실습보다 이해하고 외우기를 강요하는 학교의 과학이 재미있거나 쉬울 리 없다. 그래서 늘 시험 때가 되면 과학과 한판 전쟁을 벌인다.

유경이는 과학 공부를 하다가 모르는 것이 있으면 선생님께 달려간다. 일단 그것이 무엇인지 다시 설명을 듣고 이해를 한 후 문제를 푼다. 집에서 공부할 때도 모르는 것이 생기면 선생님께 문자를 보내어 답답한 것을 해결한다. 그렇다고 해서 하루에 열두 번도 넘게 문자 보내고 찾아가는 것이 아니라 시험 기간을 통틀어 한두 번 정도 이런 방법으로 모르는 것을 해결한다.

공부를 할 때 가장 중요한 것은 해당 부분에 대해 얼마나 이해를 했는가 하는 것이다. 기본을 이해하고 있어야만 응용 문제를 풀 수 있기 때문이다. 이렇게 이해한 것은 여러 번 반복하여 읽거나 눈과 손으로 익혀 자기 것으로 만든다. 그런 뒤 문제를 푸는데, 이때 풀리지 않거나, 이해되지 않는 것들을 체크해 두었다가 선생님께 여쭈어본다.

공부를 잘하는 아이들의 비결 중 하나는 선생님을 두려워하지 않는다는 것이다. 대부분의 아이들은 모르는 것이 있어도 선생님을 찾아가지 않는다. 하지만 공부를 잘하는 아이들은 모르는 것이 있으면 선생님을 찾아간다.

그리고 두 번째 비결은 '이거 답이 뭐예요?'가 아니라 '이게 왜 이렇게 되는 거예요?'를 묻는 것이다. 즉, 문제의 답을 찾기보다 그 문제에 해당하는 원리를 묻는다. 이렇게 원리를 알아가는 공부를 하기 때문에 어떤 문제도 응용력을 동원하여 풀어갈 수 있는 것이다. 원리가 이해되지 않았다면 문제를 아무리 많이 풀어도 소용이 없다. 초등학교 때 달달 외워서 시험 잘 봤던 친구들이 중학교와 고등학교에서 성적이 잘 나오지 않는 것은 바로 이 때문이다.

지금부터라도 원리를 알아가는 공부를 하자. 기본 원리를 이해해야만 대입 수능을 치르는 그날까지 큰 어려움 없이 공부를 할 수 있다.

과목별 시험 잘 보는 비법

누구나 시험을 잘보고 싶다는 생각을 가지고 있습니다. 하지만 결코 만만한 것이 아니지요. 과목별 시험 잘 보는 비법을 살펴보겠습니다.

국어 : 우리말이므로 공부 안 해도 기본 성적은 나온다고 생각하는 과목이지요. 하지만 우리말이라는 도끼에 발등이 찍히기 쉬운 과목이 국어입니다. 국어는 교과서에 실린 지문을 반복적으로 읽어, 내용을 완전히 숙지하고 있어야 합니다.

영어 : 국어와 같이 지문의 내용을 완전히 이해하는 것이 중요합니다. '마침표, 느낌표도 빼놓지 말고 외워라.'라는 말에서 지문이 얼마나 중요한지 알 수 있지요.

수학 : 시험 범위에 등장하는 공식을 정리해 봅니다. 그리고 그것들을 해결하기 위해 앞서 배웠던 공식들도 정리해 봅니다. 원리를 이해해야 응용도 할 수 있습니다.

사회 : 흐름을 잡아야 합니다. 그저 달달 외우면 된다고 생각하기 쉽지만 흐름을 잡지 못하면 외운 것이 뒤죽박죽되기 쉽습니다.

과학 : 용어와 기호들을 이해해야 합니다. 과학도 사회와 마찬가지로 무조건 외우면 금방 잊어버리게 됩니다. 왜 그런 용어로 부르는지, 왜 그런 기호로 나타내는지 등의 원리를 이해하면 훨씬 쉽게 암기할 수 있습니다.

아이에게 눈 먼 부모 되지 않도록…

영화 '왕의 남자'에서 장생은 '눈 먼 놈의 이야기'를 들려줍니다.

평생을 광대로 살면서 눈이 멀어가는 장생을 보며

나는 무엇에 눈이 멀어 살고 있나 생각해 보았습니다.

딱히 이거다 하는 것이 없더군요.

그러다 문득 아이들에게는 눈 멀지 말아야겠다는 생각이 들었습니다.

내 아이 외에는 아무 것도 보이지 않는,

그것이 오히려 사랑하는 아이들에게 부담으로 다가가는

그런 바보 같은 부모는 되지 말아야겠다는 생각이요.

눈에 넣어도 아프지 않은 우리 아이들을 위해

아이에게 눈이 먼 부모는 되지 않도록 합시다.

한 발 뒤에서 아이를 볼 수 있는

우리 모두 그런 부모가 될 수 있기를요.

박점희

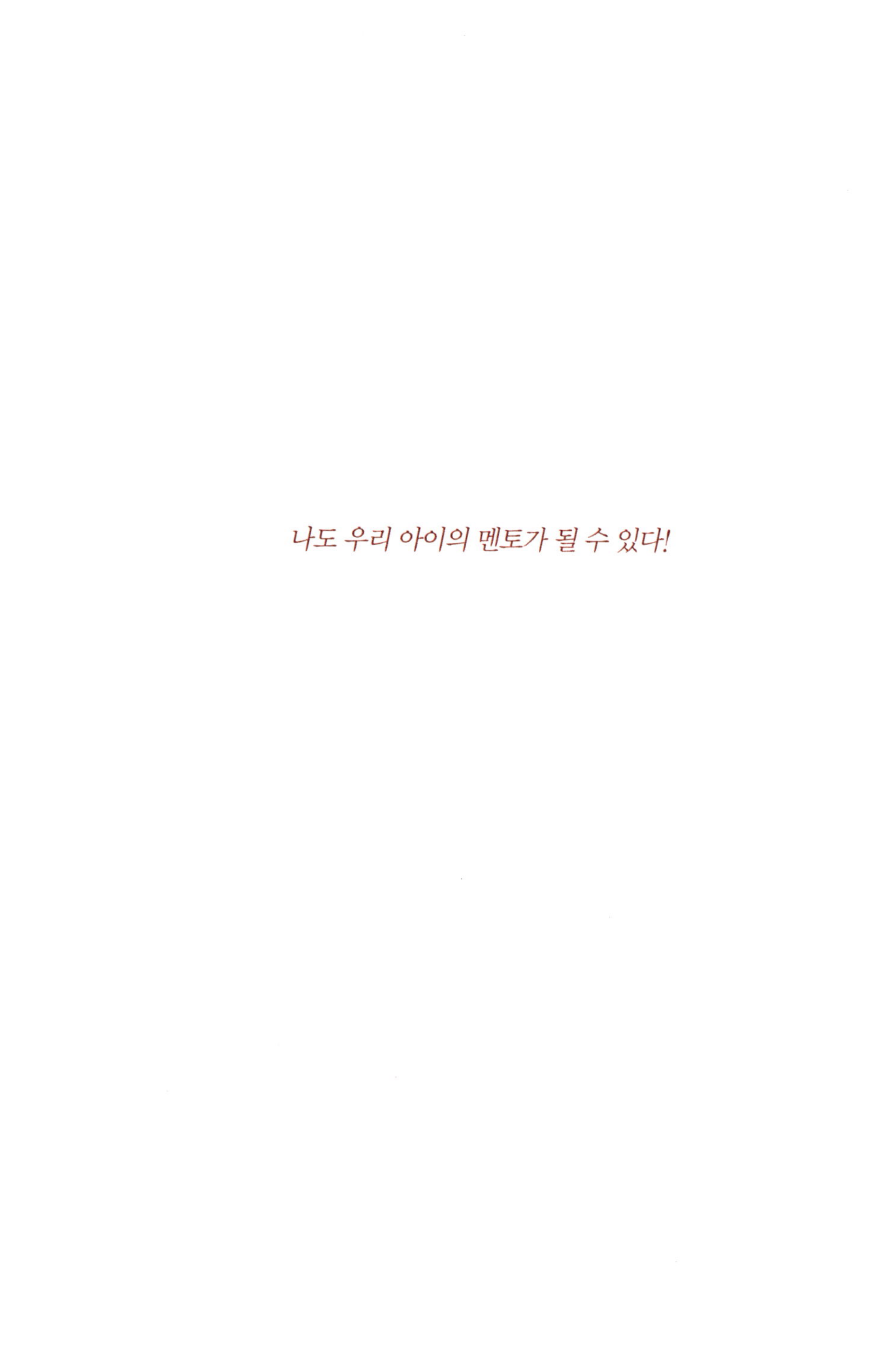
나도 우리 아이의 멘토가 될 수 있다!